글 • 홍우식

경북 봉화에 살고 있으며 대학원에서 지구환경공학과 농생명융합을 공부했습니다.
10년간 전국의 도서관과 박물관을 다니며 어린이들에게 공룡 이야기를 들려주는 일명 '공룡 아저씨'로
활동했어요. 광범위하고 새로운 질문이 봇물처럼 쏟아지는 어린이들 앞에 서는 일은 여전히 설레며,
더 재미있는 이야기를 전해 주기 위해 대부분의 시간을 공룡 탐색으로 보내고 있습니다.
이 책에 등장하는 수많은 공룡 중에서 작고 민첩한 랩터류를 가장 좋아합니다.
지금까지 〈어메이징 다이너소어〉, 〈최강 공룡〉, 〈나만 아는 공룡 114〉 등의 책을 썼습니다.

3D • 월드잇

3D 설계와 디자이너로 구성된 전문 아트디렉터 팀입니다. 공룡을 소재로 한
일러스트, 3D애너그리프, AR, VR 등을 작업하고 있어요.

감수 • 공룡알도난사건

고생물을 좋아하는 어린이들과 학자들이 모여 연구하는 공룡 모임입니다. 공룡 소식,
강의 정보, 박물관 자료를 공유하며 공룡을 주제로 학습의 장을 펼쳐 나갑니다.

2025년 2월 1일 1판 1쇄 발행

글 홍우식 | 3D 월드잇
펴낸이 나성훈 | **펴낸곳** (주)예림당 | **등록** 제2013-000041호
주소 서울특별시 성동구 아차산로 153 예림출판문화센터
구매문의 전화 561-9007 | **팩스** 562-9007 | **홈페이지** www.yearim.kr
편집장 이지안 | **편집** 박효정 | **디자인** 이현주
ISBN 978-89-302-6227-9 73400

스마트베어

· 차례 ·

공룡 계통도

공룡

조반목

검룡류
#초식 #뾰족 가시
#골판공룡

스테고사우루스

곡룡류
#초식 #갑옷공룡
#세모난 머리

안킬로사우루스

에드몬토니아

힙실로포돈

조각류
#초식 #씹는 이빨
#오리주둥이공룡

이구아노돈

후두류
#초식 #돌머리
#단단한 돌기

파키케팔로사우루스

프로토케라톱스

각룡류
#초식 #뿔공룡
#머리뼈 장식

트리케라톱스

용반목

용각형류
#초식 #사족보행
#긴 목과 꼬리

에오랍토르

디플로도쿠스

브라키오사우루스

아르젠티노사우루스

수각류
#육식 #이족보행
#날카로운 발톱

코엘로피시스

스피노사우루스

카르노타우루스

티라노사우루스

오르니토미무스

테리지노사우루스

오비랍토르

드로마에오사우루스

트로오돈

새(조류)

장골
치골
좌골

용반목
골반뼈가 도마뱀형으로 치골과 좌골이 다른 방향으로 뻗어 있어요.

장골
좌골
치골

조반목
골반뼈가 새형이며 치골과 좌골이 나란히 뒤쪽을 향하고 있어요.

분류	몸길이	몸무게	발견 장소
곡룡류	5~6m	2t	미국

Gastonia
개스턴(발견자)의 것

01

가스토니아

거대한 가시로 무장한 노도사우루스과의 갑옷공룡이에요. 가스토니아는 등과 옆구리에 길고 뾰족한 가시가 줄지어 있어요. 우타랍토르 같은 육식 공룡의 공격을 받으면 꼬리를 휘두르거나, 다리를 웅크려서 배를 땅에 붙이는 방법으로 자신을 보호했어요.

긴 꼬리
꼬리 끝에 곤봉 같은 뼈뭉치는 없지만 꼬리가 긴 편이에요.

갑옷 같은 등
등에 두껍고 단단한 골편과 뾰족한 가시가 잔뜩 박혀 있어요. 옆구리의 가시는 꼬리까지 이어져 있어요.

방패 엉덩이뼈
육식 공룡이 뒤에서 몰래 공격하는 경우를 대비해 엉덩이뼈가 단단한 판으로 되어 있어요.

부리 입
부리처럼 생긴 입 안쪽에 작고 납작한 이빨이 있어요. 낮은 나무의 잎을 주로 먹었어요.

백악기 전기 | 살던 시기

분류	몸길이	몸무게	발견 장소
수각류	6m	400~500kg	몽골

갈리미무스

갈리미무스는 타조공룡 중에서 가장 몸집이 커요.
달리기가 무척 빨라서 육식 공룡이 공격해 오면
최고 시속 60~70㎞로 내달려 따돌릴 수 있었어요.
이 속도는 경주용 말이 달리는 속도와 비슷하답니다.
작은 동물뿐 아니라 나무 열매나 풀도 잘 먹는 잡식성이에요.

이빨 없는 부리

몸집에 비해 머리가 작고,
입이 오리 부리처럼 생겼어요.
이빨은 없었어요.

깃털 공룡

어린 갈리미무스는 솜털로
덮여 있었고, 자라면서
앞다리와 꼬리 등에 깃털이
생겼어요.

긴 뒷다리

넓적다리뼈의 길이가
60cm가 넘을 만큼 뒷다리가
길고 튼튼했어요. 또 몸집에 비해
몸무게는 가벼운 편이라
빨리 달릴 수 있었지요.

살던 시기 | **백악기 후기**

분류	몸길이	몸무게	발견 장소
수각류	8~9m	2~3t	미국·캐나다

Gorgosaurus
사나운 도마뱀

03

고르고사우루스

티라노사우루스과 화석 중에서 가장 완벽한 모습으로 발견된 종류예요. 티라노사우루스에 비해 몸집이 작고, 무는 힘도 강력하지 않았지만 길고 날렵한 뒷다리를 빠르게 움직여 초식 공룡을 사냥할 수 있었어요.

04 *Giganotosaurus*

거대한 남쪽 도마뱀

기가노토사우루스

남아메리카 대륙에서 발견된 육식 공룡 중에서 가장 큰 공룡이에요.
티라노사우루스보다 몸이 길고, 몸통은 좀 더 가늘며 날렵했어요.
여러 마리의 화석이 발견된 것으로 보아 무리를 지어 다니며
몸집이 큰 티타노사우루스류 공룡을 사냥했던 것으로 보여요.

튼튼한 뒷다리

길고 튼튼한 뒷다리로 성큼성큼 달려
사냥감을 쫓고, 날카로운 발톱으로
움직이지 못하게 제압했어요.

살던 시기 | **백악기 후기**

분류	몸길이	몸무게	발견 장소
수각류	12~13m	6~8t	아르헨티나

역삼각형 머리

머리는 크고 역삼각형 모양이에요.
아래턱이 좁고 길쭉해서 먹이를
잽싸게 물어뜯기에 용이했어요.

칼날

가장 긴 이빨은 20cm 정도예요.
특히 톱니가 있는 날카로운 이빨로
사냥감의 살점을 베어 냈어요.

짧은 앞다리

티라노사우루스의 앞다리보다는 길어요.
앞발가락은 3개로, 먹잇감을 쥐거나
할퀴는 용도로 사용했을 거예요.

분류	몸길이	몸무게	발견 장소
수각류	5m	0.9~1.5t	미국

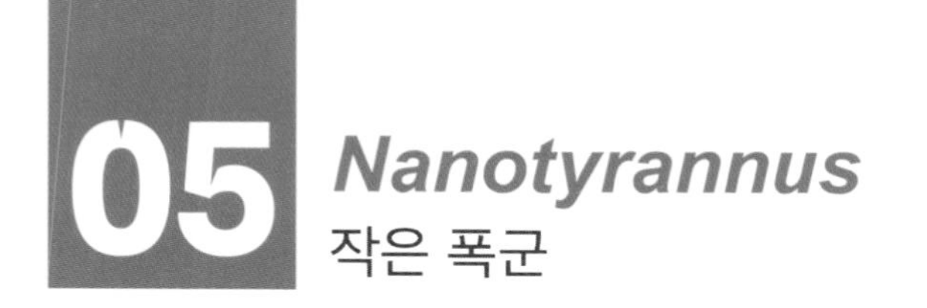

Nanotyrannus

작은 폭군

나노티라누스

1942년에 미국에서 이 공룡의 머리뼈 화석이 하나 발견되었는데 티라노사우루스와 닮은 점이 많아 새끼 티라노사우루스로 추측했어요. 하지만 최근에 이 화석은 성장을 마친 성체의 화석이며, 티라노사우루스와 비슷한 외형이지만 크기는 훨씬 작은 나노티라누스임이 밝혀졌어요.

커다란 머리

몸에 비해 머리가 큰 편이며 티라노사우루스와 비교했을 때 두개골이 좁고 가늘어요.

무시무시한 이빨

이빨이 길고 날카로워요. 티라노사우루스보다 이빨의 개수가 훨씬 많아요.

짧은 앞다리

짧은 앞다리에 발가락은 2개예요. 뒷다리가 길어서 수각류 중에서는 달리는 속도가 가장 빨랐을 거예요.

살던 시기 | **백악기 후기**

분류	몸길이	몸무게	발견 장소
수각류	7~8m	1~1.5t	영국

Neovenator
새로운 사냥꾼

06

네오베나토르

1978년, 영국에서 처음으로 화석이 발견되었어요. 당시엔 알로사우루스와 비슷한 종으로 여겨졌지만, 이후 척추뼈, 골반뼈 등 더 많은 화석이 발견되면서 비로소 '새로운 사냥꾼'이라는 뜻의 이름을 얻었어요.

뭉툭한 머리
머리뼈가 둥글고 뭉툭해요. 콧등에 두 줄의 볏이 솟아 있고, 콧구멍은 꽤 컸어요.

뾰족한 이빨
5cm의 뾰족한 이빨로 이구아노돈이나 작은 용각류 공룡을 주로 사냥했어요.

호리호리한 몸
몸 크기에 비해 체격이 호리호리하고 가벼워서 빠른 먹잇감도 사냥했어요.

백악기 전기 | 살던 시기

분류	몸길이	몸무게	발견 장소
해양 파충류	4m	400kg	유럽·중국 등

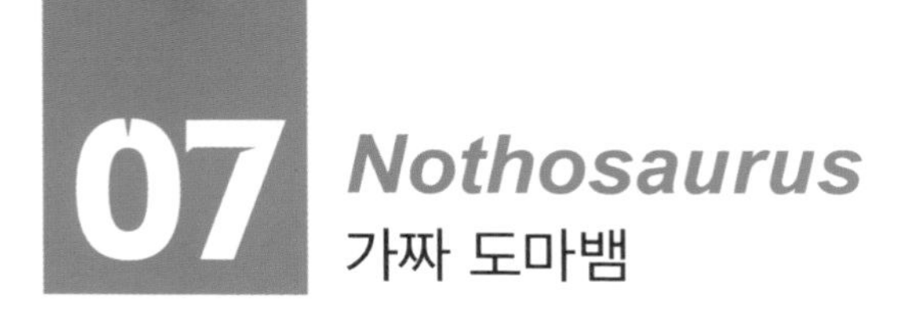

07 *Nothosaurus*

가짜 도마뱀

노토사우루스

트라이아스기에 열대 바다에서 번성했던 해양 파충류예요.
새로운 해양 파충류가 등장하면서 점차 모습을 감췄지만 후에 나타난
플레시오사우루스류와 비슷한 모습이라 서로 연관이 있을 것으로 추정해요.
물갈퀴가 있는 발로 헤엄치며 물과 육지를 오가며 생활했을 거예요.

분류	몸길이	몸무게	발견 장소
수각류	8~9m	2~3t	미국·캐나다

Daspletosaurus
무서운 도마뱀

08

다스플레토사우루스

백악기 후기에 살았던 공룡으로 티라노사우루스와 무척 닮았어요. 눈에 띄는 차이점은 티라노사우루스보다 훨씬 긴 앞다리예요. 달리는 속도가 빠르지 않아서 숨어 있다가 사냥감을 덮치거나 주로 느리게 움직이는 초식 공룡들을 잡아먹었어요.

균형 잡는 꼬리
꼬리가 튼튼하고 강력해서 이동하거나 사냥할 때 몸의 균형을 잡고 스피드를 냈어요.

쩍 벌어지는 입
이빨이 크고 날카로워요. 입이 크게 쩍 벌어져서 큰 사냥감도 한입에 꿀꺽 삼킬 수 있었어요.

제법 긴 앞다리
앞발가락이 2개예요. 티라노사우루스과 공룡 중에서 앞다리가 가장 긴 편이에요.

백악기 후기 | 살던 시기

09 *Deinonychus*

무서운 발톱

데이노니쿠스

데이노니쿠스의 발견으로 공룡에 대한 연구가 전환점을 맞았어요. 이 공룡의 골격에서 새와 닮은 부분이 속속 드러났기 때문이에요. 오스트럼이라는 공룡학자는 여러 해부학적인 근거를 밝혀 냈고, 지금은 새가 공룡으로부터 진화했다는 것이 학계의 정설이 되었어요. 오늘날의 새처럼 데이노니쿠스의 몸에도 깃털이 있었을 거예요.

날카로운 이빨

70개가 넘는 날카로운 이빨을 가졌어요. 주둥이가 길쭉해서 사냥감의 몸 깊숙이 파고들어 세게 물 수 있었어요.

강력한 갈고리발톱

뒷다리 두 번째 발가락의 갈고리발톱은 길이 13cm 정도로, 낫처럼 생겼어요. 먹잇감을 붙잡고 살점에 박아 상처를 입히는 용도였어요.

살던 시기 | **백악기 전기**

분류	몸길이	몸무게	발견 장소
수각류	3~4m	80~100kg	미국

깃털 달린 꼬리

길고 빳빳한 꼬리는 달릴 때 속도를 올리는 역할을 했고, 방향을 바꾸거나 민첩하게 움직일 때 균형을 잡았어요.

분류	몸길이	몸무게	발견 장소
수각류	1.5~2m	15~20kg	미국·캐나다

드로마에오사우루스

드로마에오사우루스과를 대표하는 백악기 육식 공룡이에요.
사촌뻘인 벨로키랍토르보다 턱으로 무는 힘이 3배나 강했다고 해요.
빠른 속도로 사냥감을 뒤쫓아 물어뜯는 방법으로 사냥했으며,
여럿이 무리 지어 다니며 덩치 큰 공룡도 잡아먹었을 거예요.

뛰어난 시력
눈이 커서 시력이
좋았을 거예요.

육중한 머리
머리가 육중하고 유연한
목을 가졌어요. 후각이
뛰어나 냄새도 잘 맡았어요.

튼튼한 이빨
사냥할 때 먹잇감의
뼈를 부수거나 살점을
찢고 으깨는 데
사용했어요.

무서운 갈고리발톱
드로마에오사우루스과
공룡들은 대부분 뒷다리의
두 번째 발가락에 갈고리 모양
발톱을 가지고 있어요.

살던 시기 | **백악기 후기**

분류	날개 편 길이	몸무게	발견 장소
익룡	1.5m	?	영국·멕시코

Dimorphodon
두 가지 모양의 이빨

11

디모르포돈

취라기에 유럽과 북아메리카 대륙의 하늘을 누볐던 익룡이에요.
몸에 비해 머리가 크며, 큰부리새처럼 주둥이가 크고 뭉툭해요.
날개는 짧고 빈약한 편이어서 오래 비행하는 방식보다는
나무 주위를 짧게 날며 곤충이나 도마뱀을 잡아먹었어요.

길어진 앞발가락
네 번째 앞발가락이 길어져
날개막을 지지해요. 육지에서는
날개를 접어 네발로 걸었어요.

두 가지 모양의 이빨
주둥이 앞쪽의 이빨은 크고
뾰족한 반면 안쪽으로
갈수록 크기가 작아요.

꼬리 날개
마름모꼴의 날개가 달린
꼬리로 하늘을 날 때
방향을 잡았어요.

12 *Diplodocus*

두 개의 기둥

디플로도쿠스

중생대의 쥐라기는 목이 긴 용각류 공룡들이 다양하게 번성했던 시기예요.
디플로도쿠스는 지금까지 화석으로 발견된 공룡 중에서 몸길이가 가장 길어요.
거대한 몸을 유지하기 위해 먹이를 찾는 데 대부분의 시간을 보냈으며,
새로운 먹이가 있는 곳을 따라 작은 무리를 지어 이동하며 살았어요.

길고 뻣뻣한 목

8m가 넘는 목 길이를 자랑해요. 다소 뻣뻣해서 위로 높이 올리는 것보다 목을 낮게 드리우고 키 작은 식물을 훑어 먹었을 거예요.

작은 머리

몸집에 비해 머리가 작으며, 연필처럼 생긴 이빨이 앞쪽에 줄지어 나 있어요.

살던 시기 | **쥐라기 후기**

분류	몸길이	몸무게	발견 장소
용각류	28~32m	15~25t	미국

분류	몸길이	몸무게	발견 장소
수각류	7m	400kg	미국

13 *Dilophosaurus*

두 개의 볏을 가진 도마뱀

딜로포사우루스

취라기 전기에 살았던 공룡 중 가장 무서운 포식자였어요. 머리 위로 한 쌍의 커다란 볏이 솟아 있는 것이 특징이에요. 이 볏은 닭의 볏과 달리 단단한 뼈조직으로 이루어져 있는데, 모양이 크고 화려할수록 이성의 눈에 잘 띄었을 거예요.

반달 모양의 볏

콧등에서부터 머리 위까지 30cm 길이의 볏이 솟아 있어요. 머리뼈에는 공기주머니가 있어서 얇은 볏이 부러지지 않게 보호해 주었어요.

좁은 주둥이

주둥이가 좁고 위턱의 앞쪽이 악어처럼 굴곡이 있어요.

유연한 꼬리

꼬리가 길고 유연해서 몸의 균형을 잡거나 속도를 올리는 데 도움을 주었어요.

쓸모 있는 앞다리

길고 가느다란 앞다리로 사냥감을 잡고, 할퀴거나 찔렀어요.

살던 시기 | **쥐라기 전기**

분류	몸길이	몸무게	발견 장소
조각류	7~7.5m	2~3t	미국·캐나다

Lambeosaurus
램(발견자)의 도마뱀

람베오사우루스

백악기 후기에는 다양한 오리주둥이공룡이 나타나 크게 번성했어요. 람베오사우루스 머리 위에는 동글납작한 모양의 커다란 볏이 있어요. 속이 빈 볏은 콧구멍과 연결되어 공기를 불어 소리를 낼 수 있었으며, 새끼 때는 볏이 거의 없다가 자라면서 서서히 모습을 갖추었어요.

뻣뻣한 꼬리

꼬리가 뻣뻣하게 뻗어 있으며 땅에 끌고 다니지 않았어요.

앞뒤 두 개의 볏

앞쪽 볏은 도끼날처럼 생겼고, 뒤쪽 볏은 뾰족해요. 이 볏은 나이와 성별에 따라 모양이 달랐고, 소리도 저마다 달랐을 거예요.

이족보행과 사족보행

네발은 물론 두 발로도 걸을 수 있었어요. 튼튼한 뒷다리만으로 버티고 설 수 있었으며, 높은 곳의 나뭇가지나 열매 등 먹이를 줄 때 앞다리를 잘 활용했어요.

백악기 후기 | 살던 시기

15 *Rhamphorhynchus*
부리 주둥이

람포링쿠스

중생대 전반에 걸쳐 익룡은 하늘을 수놓으며 다양하게 진화했어요. 쥐라기의 익룡은 크기가 작고, 꼬리가 길며, 목은 짧은 것이 특징이에요. 앨버트로스와 크기가 비슷한 람포링쿠스는 쥐라기 후기에 흔했던 종류로, 해안가를 낮게 날면서 작은 물고기나 곤충을 잡아먹었어요.

성긴 이빨
머리가 길고 홀쭉했어요. 기다란 부리에 날카로운 이빨이 듬성듬성 나 있어요.

살던 시기 | **쥐라기 후기**

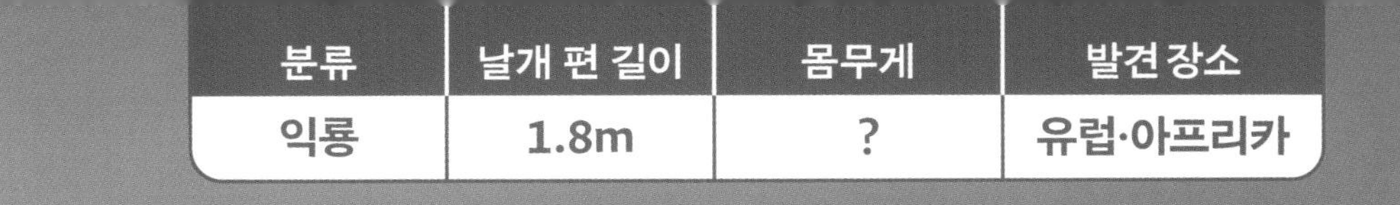

분류	날개 편 길이	몸무게	발견 장소
익룡	1.8m	?	유럽·아프리카

긴 날개

초기 익룡 중에서 가장 날개가 길어요.
익룡은 날개뼈 속이 비어 있고 공기로
차 있어서 하늘을 잘 날 수 있었어요.

길고 뻣뻣한 꼬리

람포링쿠스의 꼬리 끝에는
마름모꼴의 날개가 달려 있어요.
이 꼬리 날개는 이성에게 자신을
돋보이게 하는 과시용이었을
것으로 추정해요.

공룡의 3대 조건

중생대(2억 5100만~6600만 년 전)에 살았던 동물

공룡은 중생대 트라이아스기 중기에 처음으로 나타났어요. 중생대 지구의 기후는 따뜻하고 습해서 양치식물과 침엽수가 무성하게 자라 울창한 숲을 이루었어요. 트라이아스기가 끝나자 초식 공룡들은 풀을 먹고 몸집이 점점 거대해졌고, 공룡의 수가 엄청나게 불어나기 시작했어요.

고생대	중생대	신생대
캄브리아기 오르도비스기 실루리아기 데본기 석탄기 페름기	트라이아스기 / 쥐라기 / 백악기	고제3기 신제3기 제4기

다리가 몸통 아래로 곧게 뻗은 동물

도마뱀과 악어는 몸통 옆으로 다리가 돌출되어 있어서 걷거나 뛸 때 몸을 구부려야 해요. 공룡은 파충류와 달리 다리가 몸통 아래쪽으로 곧게 뻗어 있어요. 다리가 아래로 뻗어 있으면 체중을 지탱하는 데 유리하고, 걸을 때도 사람처럼 다리만 움직여 오래 걷거나 뛸 수 있어요.

땅에서 걸어다녔던 육상 동물

중생대 하늘과 바다에는 공룡 말고도 거대한 파충류가 살고 있었어요. 하늘에는 익룡이 날아다녔고, 바다에는 어룡, 수장룡 등 해양 파충류가 살았어요. 공룡과 비슷하게 생겼지만 공룡과는 계통이 다른 파충류랍니다.

분류	몸길이	몸무게	발견 장소
조각류	2m	6kg	남아프리카

Lesothosaurus
레소토의 도마뱀

16

레소토사우루스

레소토사우루스는 쥐라기 전기에 살았던 소형 초식 공룡으로 남아프리카 레소토에서 17마리의 화석이 한꺼번에 발견되었어요. 몸집이 작아서 육식 공룡이 공격해 오면 속절없이 당하기 때문에 안전을 위해 여럿이 무리 지어 다닌 것으로 보여요.

커다란 눈
눈이 커서 시야가 넓고 시력이 좋았을 거예요. 멀리서 적이 나타나면 재빨리 도망갔고, 밤에 활동했을 수도 있어요.

새 부리 입
새의 부리처럼 단단하게 생겼으며 앞쪽에 송곳니가 있어서 식물을 잘게 뜯어내 씹을 수 있었어요.

가늘고 긴 다리
늘씬하고 곧게 쭉 뻗은 두 다리로 새가 총총거리며 움직이듯 가볍고 빠르게 이동했어요.

분류	몸길이	몸무게	발견 장소
용각류	20~35m	20~45t	중국

17 *Mamenchisaurus*
마먼시의 도마뱀

마멘키사우루스

1954년, 중국의 도로 공사 현장에서 처음 발견된 공룡으로, 지금까지 알려진 모든 동물 중에서 가장 목이 긴 동물이에요. 마멘키사우루스의 목뼈는 속이 공기로 채워진 구조여서 가볍게 들어 올려 높은 곳의 나뭇잎을 뜯어 먹거나 멀리 있는 위험 요소도 살필 수 있었어요.

경이로운 목
19개의 목뼈로 이루어진 목은 길이가 최대 18m에 이르러요. 목 길이가 몸 전체 길이의 절반을 차지할 정도예요.

꼬리 뼈뭉치
긴 꼬리를 채찍처럼 휘두르면 제아무리 사나운 육식 공룡이라도 쉽사리 공격하지 못했을 거예요. 슈노사우루스처럼 꼬리 끝에 작은 뼈뭉치가 있어요.

튼튼한 다리
네 다리는 아주 튼튼했어요. 발은 코끼리 발처럼 생겼으며 몸이 커서 느릿느릿 걸었어요.

살던 시기 | **쥐라기 후기**

분류	몸길이	몸무게	발견 장소
수각류	8m	1t	영국

Megalosaurus
거대한 도마뱀

18

메갈로사우루스

메갈로사우루스는 화석으로 발견된 최초의 공룡이에요.
이름 또한 최초로 지어졌는데, 그때는 공룡의 화석인지 모르는 채로
거대한 도마뱀이란 뜻의 '메갈로사우루스'로 이름을 붙였어요.
알로사우루스와 함께 쥐라기 시대의 가장 사나운 포식자였어요.

강력한 턱
강력한 턱과 날카로운 이빨로 덩치 큰 초식 공룡들도 사냥할 수 있었어요.

날카로운 발톱
앞발가락에는 날카롭고 강한 발톱이 있어서 사냥감을 찌르고 할퀴는 데 유용했어요.

거대한 발
최근 영국에서 1m 크기의 발자국 화석이 발견되었어요. 이는 수각류 발자국 중에서 가장 큰 크기랍니다.

쥐라기 중기 | 살던 시기

분류	몸길이	몸무게	발견 장소
수각류	1m	3.5~4kg	몽골

19 *Mononykus*
하나의 발톱

모노니쿠스

모노니쿠스는 칠면조만 한 크기의 작은 수각류 공룡이에요.
특이하게 앞발에 크고 날카로운 발톱이 하나 달려 있어요.
가늘고 긴 뒷다리, 발달된 가슴뼈, 앞발 뼈의 형태 등을 볼 때
오늘날 새의 골격과 매우 유사한 모습이에요.

살던 시기 | **백악기 후기**

분류	몸길이	몸무게	발견 장소
각룡류	5~6m	?	미국·캐나다

Monoclonius
하나의 뿔

20

모노클로니우스

백악기 후기에 북아메리카에는 다양한 각룡류 공룡이 살았어요.
모노클로니우스는 코 위에 커다란 뿔 하나가 솟아 있는데
그 모습이 훗날 발견된 켄트로사우루스와 무척 닮아 있어요.
이 둘이 서로 같은 종인지, 다른 종인지에 관해서는
현재도 과학자들 사이에 논쟁이 오가고 있답니다.

코뿔소 닮은 뿔

코뿔은 개체에 따라 앞쪽이나
뒤쪽으로 휘어져 있어요.
눈썹 위와 머리뼈 장식에도
작은 뿔이 한 쌍씩 있어요.

둔탁한 꼬리

굵고 튼튼한 꼬리는
좌우로 움직일 수 있으나
둔탁하고 뻣뻣했어요.

두툼한 앞다리

두툼한 앞다리로 흙을 파서 둥지를 만들거나
나무뿌리를 파헤쳐 먹이를 찾았을 거예요.

백악기 후기 | 살던 시기

21 *Mosasaurus*
뮤즈의 도마뱀

모사사우루스

모사사우루스는 왕도마뱀과 물고기를 반씩 닮은 해양 파충류로,
백악기 후기에 전 세계의 바다를 지배하던 최상위 포식자였어요.
큰 먹이도 통째로 삼킬 수 있을 만큼 입이 컸으며
같은 종끼리 서로 잡아먹을 정도로 포악했어요.

큰 눈
눈이 커서 탁한 물속에서도 사냥하는 데 유리했어요.

강력한 턱과 이빨
턱 힘이 세고 이빨이 날카로워 오징어나 암모나이트 같은 갑각류를 통째로 잡아먹기 좋았어요.

살던 시기 | **백악기 후기**

분류	몸길이	몸무게	발견 장소
해양 파충류	17m	15t	전 세계 바다

유연한 몸

몸이 유연해서 좌우로 휘저으며 빠르게 움직일 수 있어요. 바다뱀이 헤엄치는 모습과 비슷했을 거예요.

넓은 지느러미발

앞뒤 4개의 지느러미발로 몸을 움직여 방향을 틀고, 초승달 모양의 꼬리지느러미로 추진력을 얻었어요.

분류	몸길이	몸무게	발견 장소
용각류	6m	1t	아르헨티나

22 *Mussaurus*
생쥐 도마뱀

무스사우루스

트라이아스기 후기에 살았던 소형 용각류예요.
처음 발견되었을 때 몸길이가 20cm밖에 되지 않아
'생쥐 도마뱀'이라는 뜻의 이름이 붙었어요.
나중에 성체 화석이 발견되고 나서 이는 갓 태어난
새끼 무스사우루스였음이 밝혀졌답니다.

강력한 꼬리
움직임이 느렸지만
길고 튼튼한 꼬리를 휘둘러
육식 공룡들의 공격을
막아 냈을 거예요.

야무진 머리
작은 머리에 눈은 크며
다른 용각류에 비해
목이 짧은 편이에요.

이족보행
어릴 때는 네발로 걷고,
다 자란 무스사우루스는
두 발로 걸었을 거예요.

살던 시기 | **트라이아스기 후기**

분류	몸길이	몸무게	발견 장소
해양 파충류	1~2m	5kg	아시아·유럽

Mixosaurus
혼합된 도마뱀

23

믹소사우루스

믹소사우루스는 트라이아스기에 바다에서 살았던 소형 어룡이에요.
입이 길쭉하고 물고기처럼 생긴 모습은 후기 어룡의 형태이지만
초기 어룡의 골격을 갖추고 있어 이름대로 '혼합된' 모습이에요.
얕은 바다에서 주로 생활했고, 몸 안에서 알을 부화시켜 새끼를 낳았어요.

솟은 등지느러미
백악기 어룡들처럼
등지느러미가 솟아 있어서
헤엄칠 때 몸이 기울지 않게
균형을 잡았어요.

지느러미발
앞지느러미가 더 길어요.
노처럼 생긴 지느러미발에는
5개의 발가락뼈가 숨어 있어요.

뾰족한 입
물속 바위틈이나 좁은 곳의
암모나이트, 물고기, 오징어
등을 잡아먹기에 적합했어요.

꼬리지느러미
후에 나타난 어룡은 상어처럼 초승달 모양의
꼬리지느러미를 갖고 있지만 믹소사우루스는
곧게 뻗은 모양이에요.

트라이아스기 중기 | 살던 시기

거대 해양 파충류

공룡이 땅 위를 누비던 중생대의 바닷속에는 어룡과 수장룡이 살고 있었어요.
바닷속에서는 부력을 이용해 육지에서보다 힘을 덜 들여 헤엄칠 수 있고,
물고기와 오징어를 풍족하게 잡아먹을 수 있기 때문에 육상에서 살던 파충류들이
바다 생활에 완벽히 적응하면서 네 다리는 지느러미발로 진화했어요.

어룡

물고기처럼 생긴 파충류예요. 길고
뾰족한 주둥이를 가졌어요. 상어처럼
힘센 꼬리지느러미를 움직여 물속에서
빠르게 헤엄칠 수 있어요.

플리오사우루스류

수장룡 중에서 악어처럼 목이 짧고
머리가 큰 해양 파충류예요. 이빨이
날카롭고 무는 힘이 강해서 '바다의
괴물'로 불려요.

크로노사우루스

플레시오사우루스류

수장룡 중에서도 목이 긴 종류예요.
목은 유연하지 않지만 상하좌우로
휘저어 길고 날카로운 이빨로 물고기와
오징어를 잡아먹었어요.

엘라스모사우루스

모사사우루스류

도마뱀과 가까운 해양 파충류예요.
머리는 짧고 몸통은 길며, 이빨이
날카로워요. 꼬리를 좌우로 흔들어
추진력을 얻으며 헤엄쳐요.

모사사우루스

분류	몸길이	몸무게	발견 장소
곡룡류	3m	300kg	오스트레일리아

Minmi 24
민미(지명)

민미

남반구에서 최초로 발견된 곡룡류 공룡이에요.
민미는 이 공룡의 화석이 발견된 마을의 이름이랍니다.
곡룡류는 대부분 위협적인 가시가 있고 몸집도 큰 편이지만
몸집이 작고, 가시가 없으며, 꼬리에 뼈뭉치도 없어요.

갑옷 같은 몸
작은 몸을 효과적으로
방어하기 위해 등과 옆구리뿐만
아니라 배까지 골편으로
덮여 있어요.

나란한 골편
척추뼈를 따라
골편이 나란히
돋아 있어요.

납작한 머리
거북의 머리처럼
작고 납작해요.

제법 긴 다리
몸집이 작고, 가시가 없는 대신
긴 다리로 도망가는 방법으로
육식 공룡을 피했을 거예요.

뼈뭉치 없는 꼬리
원시적인 종류여서
아직 꼬리 끝에
뼈뭉치가 없어요.

백악기 전기 | 살던 시기

분류	몸길이	몸무게	발견 장소
용각류	25~27m	12~20t	미국

25 *Barosaurus*
무거운 도마뱀

바로사우루스

쥐라기 후기에 번성했던 거대한 목긴공룡 중 하나예요.
근연종인 디플로도쿠스와 몸길이가 거의 비슷했는데
목이 더 길고, 꼬리는 더 짧은 것으로 알려져 있어요.
입안에 가늘고 촘촘한 이빨이 가득 나 있고,
긴 목을 낮게 움직여 식물을 한꺼번에 훑어 먹었어요.

기다란 목
16개의 목뼈로 이루어진
목의 길이는 10m가 넘어요.
뼈 속이 비어 있어서
무겁지 않았어요.

거대한 몸
둥글고 커다란 몸집이
가장 강력한 무기였어요.
커다란 몸을 유지하기 위해
하루 종일 풀을 먹었어요.

가늘고 긴 꼬리
가늘고 긴 꼬리를 채찍처럼
휙휙 휘두르며 육식 공룡의
공격에 맞섰을 거예요.

살던 시기 | **쥐라기 후기**

분류	몸길이	몸무게	발견 장소
수각류	7.5~10m	1~2t	영국·스페인

Baryonyx
무거운 발톱

26

바리오닉스

머리가 길고 납작한 것이 오늘날 악어와 비슷한 모습이에요. 화석에서 물고기뼈와 비늘, 이구아노돈의 뼈가 함께 발견되어 이 공룡이 물고기와 초식 공룡을 잡아먹은 것을 알게 되었어요. 물고기를 잡을 때는 앞발가락의 긴 엄지발톱을 휘둘렀을 거예요.

예민한 주둥이

1m에 이르는 길쭉한 주둥이의 가장자리가 악어처럼 굴곡져 있어요. 발버둥치는 미끄러운 물고기를 놓치지 않고 잘 붙잡았어요.

긴 꼬리

비교적 긴 꼬리는 땅에 끌고 다니지 않았고, 이리저리 움직여 몸의 균형과 수평을 잡았어요.

빼곡한 이빨

커다란 입안에 칼같은 날카로운 이빨이 촘촘하게 박혀 있었어요.

큰 엄지발톱

앞다리가 잘 발달되어 있어요. 앞발가락은 3개인데 엄지발톱의 길이가 30cm나 되었어요. 물고기를 찔러 잡는 데 안성맞춤이었어요.

백악기 전기 | 살던 시기

분류	몸길이	몸무게	발견 장소
수각류	1.5~2m	15~20kg	몽골·중국

벨로키랍토르

1923년에 몽골의 고비 사막에서 처음으로 화석이 발견된 이래
더 많은 골격 화석들이 몽골과 중국에서 발견되고 있어요.
작지만 민첩해서 자신보다 덩치가 큰 초식 공룡들도 공격했는데
날카로운 갈고리발톱을 세우고 달려들어 심각한 상처를 입혔어요.

유연한 꼬리

S자 형태로 유연하게 움직여
달릴 때 균형을 잡고, 방향을
바꾸는 데 도움을 주었어요.

큰 눈

눈이 크고 시력이 뛰어나
밤에도 먹잇감을 사냥하기에
유리했을 거예요.

톱니 이빨

날카로운 이빨이
가득해 먹잇감의 살을
잘 찢었을 거예요.

공포의 갈고리발톱

낫 모양으로 휘어진
뒷다리의 큰 갈고리발톱은
걸을 때 뒤로 젖혀져
땅에 닿지 않았어요.

깃털 달린 앞다리

오늘날 새의 앞발뼈와
비슷한 구조이며 깃털이
달려 있었어요.

살던 시기 | **백악기 후기**

분류	몸길이	몸무게	발견 장소
용각류	4.8m	450kg	중국

Bellusaurus
아름다운 도마뱀

28

벨루사우루스

중국에서 발견된 소형 용각류 공룡이에요. 17마리가 화석으로 발견된 것으로 보아 홍수로 한꺼번에 매몰된 것으로 추측해요. 새끼인지 다 자란 개체인지 확실하지 않으며, 다른 공룡의 새끼라는 주장도 있어요.

쥐라기 후기 | 살던 시기

29 *Brachiosaurus*
팔 도마뱀

브라키오사우루스

디플로도쿠스와 함께 쥐라기 후기에 살았던 목긴공룡이에요.
큰 몸집을 유지하기 위해 많은 양의 식물을 먹어야 했는데
브라키오사우루스는 앞다리가 뒷다리보다 길어서
높은 나무에 달린 여린 잎에까지 키가 닿을 수 있었어요.
충남 공주의 한국자연사박물관에 골격 화석이 전시되어 있어요.

무기용 꼬리
몸길이에 비해 꼬리는 길지 않았어요.
꼬리를 세게 휘둘러 육식 공룡들의
접근을 막는 무기로 사용했어요.

살던 시기 | **쥐라기 후기**

분류	몸길이	몸무게	발견 장소
용각류	18~22m	30~60t	미국

볼록한 정수리
정수리가 위로 볼록한 모습이에요. 머리뼈에는 큰 구멍이 많은데 이는 머리의 무게를 줄여 주었어요.
높다란 목
목의 길이만 9m에 이르는데 목뼈 속이 비어 있는 구조라 상당히 가벼웠으며 어깨가 높아서 목을 높이 들어 올릴 수 있었어요.
긴 앞다리
앞다리 높이가 4m가 넘어요. 뒷다리보다 길어서 등이 꼬리로 갈수록 낮아지는 경사를 이루어요.
코끼리 다리
코끼리처럼 발바닥이 평평하고 넓적해서 무거운 몸무게를 네 다리로 분산시켰어요.

분류	몸길이	몸무게	발견 장소
곡룡류	5~6m	1.5~2t	미국

30 *Sauropelta*
방패 도마뱀

사우로펠타

백악기에 이르러 다양한 공룡들이 나타나고 덩치도 점차 커졌어요.
사우로펠타는 등이 딱딱한 골편으로 덮인 갑옷공룡 중 하나로,
목과 옆구리에 크고 날카로운 가시가 쌍으로 뻗어 있어요.
좁은 주둥이로 소철 등의 나뭇잎을 먹고 살았어요.

긴 꼬리

몸에 비해 꼬리가
긴 편이에요.
노도사우루스과의
곡룡들은 꼬리 끝에
뼈뭉치가 없어요.

방패 같은 몸

등에 딱딱한 골편이 박혀 있고
목과 옆구리에는 날카로운 가시가
나 있어서 사나운 공룡의 공격을
방어할 수 있었어요.

납작한 머리

목이 굵고, 머리는 납작해요. 좁은
주둥이로 나뭇잎을 뜯어 먹었어요.

살던 시기 | **백악기 전기**

분류	몸길이	몸무게	발견 장소
곡룡류	5~7m	1.5~2t	몽골

Saichania
아름다운 것

31

사이카니아

처음 발견되었을 때 사이카니아는 거의 완벽한 상태의 화석이었어요.
등에 뾰족한 가시가 많고, 단단한 골편이 몸 전체를 덮고 있어요.
안킬로사우루스과 곡룡은 꼬리 끝에 뼈뭉치가 있는 것이 특징으로
사이카니아의 꼬리 끝에도 무겁고 단단한 뼈뭉치가 달려 있어요.

뼈뭉치 꼬리
꼬리 끝에 곤봉처럼 생긴 뼈뭉치를 육식 공룡에게 휘두르면 치명적인 상처를 입힐 수 있었어요.

복잡한 콧속
콧속이 복잡하게 나뉘어 있는데 이는 덥고 건조한 환경에서 콧속 수분을 유지하기 위함이에요.

골편 박힌 몸
등과 목, 다리, 꼬리에 이르기까지 크고 작은 골편으로 뒤덮여 있어요.

백악기 후기 | 살던 시기

분류	몸길이	몸무게	발견 장소
조각류	15~16m	13~16t	중국

32 *Shantungosaurus*
산둥의 도마뱀

산퉁고사우루스

중국의 산둥 지역에서 화석이 발견되어 이름 붙여졌어요.
백악기 후기에 나타난 오리주둥이공룡 중에서 몸집이 가장 큰데
목긴공룡을 제외하면 이보다 더 큰 공룡은 찾을 수 없어요.
육식 공룡들도 산퉁고사우루스에게 함부로 덤비진 못했을 거예요.

둔탁한 꼬리
꼬리를 자유롭게 움직였지만
용각류 공룡처럼 강력하게
휘두르지는 못했어요.

오리주둥이
주둥이가 오리처럼 납작해요.
입 안쪽 깊숙한 곳에
이빨이 촘촘하게 나 있어서
질긴 식물도 잘 씹었어요.

이족보행 뒷다리
뒷다리로 서서 앞다리로 식물을 훑거나 쥐어
높은 곳의 먹이도 먹을 수 있었어요.

살던 시기 | **백악기 후기**

분류	몸길이	몸무게	발견 장소
용각류	10~12m	6~7t	아르헨티나

Saltasaurus
살타의 도마뱀

33

살타사우루스

백악기에 남반구에서는 용각류 공룡이 다시 한번 번성했어요. 쥐라기를 거쳐 백악기까지 살아남은 용각류들은 대부분 몸이 거대해지거나 작아지면서 방어용 무기를 갖추게 되었는데, 살타사우루스는 곡룡류처럼 등에 단단한 골편이 박혀 있어요.

둥근 턱
턱이 둥글고 어금니가 없어서 나뭇잎을 씹지 않고 그대로 삼켰을 거예요.

갑옷 두른 등
등에 단단한 타원형의 골편이 박혀 있어서 사나운 포식자로부터 몸을 보호했을 거예요.

짧은 목과 다리
용각류 중에서는 목이 짧고 다리도 짧은 편이에요.

백악기 후기 | 살던 시기

34 *Seismosaurus* 지진 도마뱀

세이스모사우루스

발견 당시 지상 최대의 육상 동물로 여겨져 '지진이 날 정도로 크다'는 뜻의 이름이 붙었지만 디플로도쿠스와 흡사한 점이 많았던 대형 용각류예요. 후속 연구가 진행되면서 50m로 추정하던 몸길이가 줄어들었으며, 결국 디플로도쿠스에 속하는 할로룸 종으로 재분류되었어요.

연필 이빨

주둥이 앞쪽의 연필처럼 생긴 이빨로 질긴 잎을 훑거나 잘라 삼켰어요. 용각류들은 잎과 함께 위석을 같이 삼켜 위 속에서 소화를 시켰어요.

채찍 꼬리

긴 꼬리를 채찍처럼 휘둘러 무기로 사용했으며, 이동할 때는 땅에 끌지 않고 들고 다녔어요.

살던 시기 | **쥐라기 후기**

분류	몸길이	몸무게	발견 장소
용각류	29~32m	23~25t	미국

분류	몸길이	몸무게	발견 장소
해양 파충류	13~15m	20~30t	미국·캐나다

쇼니사우루스

트라이아스기 후기에 살았던 거대한 크기의 어룡이에요.
미국에서 40여 마리의 골격 화석이 무더기로 발견되어서
오늘날 고래처럼 무리 생활을 했을 것으로 추정해요.
때때로 수면 위로 나와 머리 위의 콧구멍으로 숨을 쉬었어요.

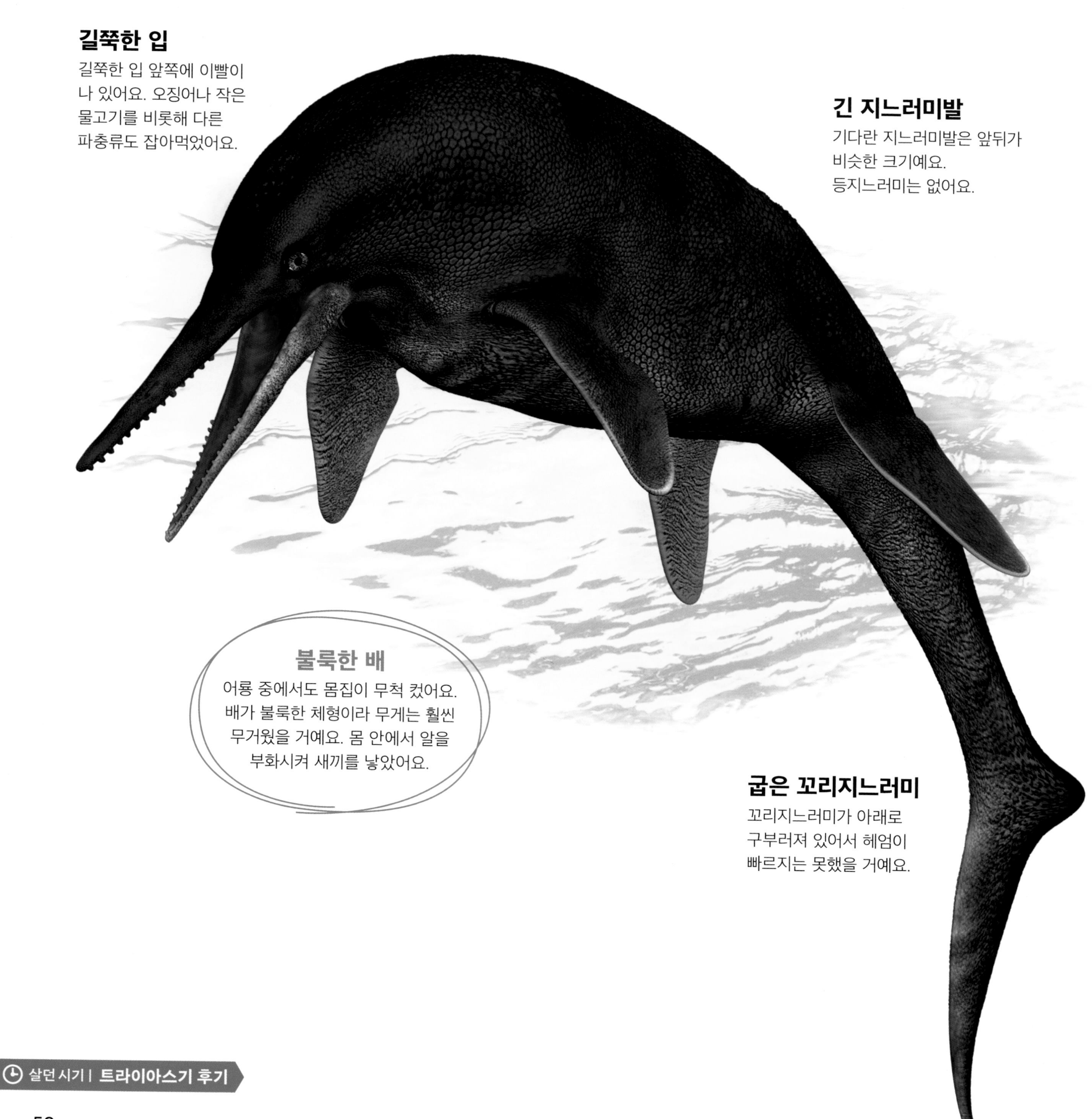

길쭉한 입

길쭉한 입 앞쪽에 이빨이 나 있어요. 오징어나 작은 물고기를 비롯해 다른 파충류도 잡아먹었어요.

긴 지느러미발

기다란 지느러미발은 앞뒤가 비슷한 크기예요. 등지느러미는 없어요.

불룩한 배

어룡 중에서도 몸집이 무척 컸어요. 배가 불룩한 체형이라 무게는 훨씬 무거웠을 거예요. 몸 안에서 알을 부화시켜 새끼를 낳았어요.

굽은 꼬리지느러미

꼬리지느러미가 아래로 구부러져 있어서 헤엄이 빠르지는 못했을 거예요.

살던 시기 | **트라이아스기 후기**

분류	몸길이	몸무게	발견 장소
수각류	9~11m	2.5~4t	니제르

Suchomimus
악어를 닮은 것

36

수코미무스

머리가 악어와 비슷하게 생긴 수각류 공룡으로,
아프리카에서 수많은 물고기 화석들과 함께 발견되었어요.
스피노사우루스처럼 등을 따라 척추뼈 돌기가 돋아 있고,
뾰족한 엄지발톱으로 물고기와 작은 공룡들을 사냥했어요.

등에 돋은 척추뼈 돌기
목 뒤에서 등까지 척추뼈 돌기가
있어요. 스피노사우루스의 돛처럼
체온을 조절하는 데 쓰였을 거예요.

악어 주둥이
주둥이가 악어처럼
길쭉하고 굴곡져 있어요.
주둥이 앞쪽의 이빨이 뾰족하고
커서 먹이를 꽉 물기
좋았어요.

뾰족한 엄지발톱
엄지발가락에 20cm 길이의
발톱이 있어요. 앞다리를 휘둘러
물고기를 사냥했던 것으로 보여요.

백악기 전기 | 살던 시기

분류	몸길이	몸무게	발견 장소
용각류	9.5m	3t	중국

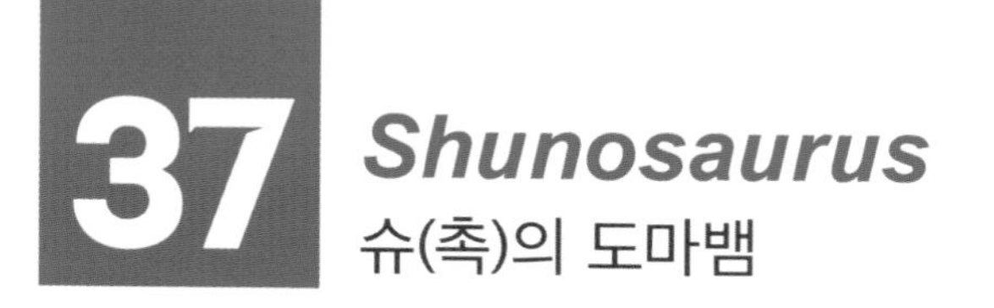

Shunosaurus
슈(촉)의 도마뱀

슈노사우루스

중국의 쓰촨성에서 화석이 발견된 소형 용각류예요.
목긴공룡 중에서는 크기가 작고, 목 길이도 무척 짧아요.
길고 가는 꼬리 끝에 뼈뭉치가 있으며, 그 위로 가시가 났는데
이것을 채찍처럼 휘둘러 육식 공룡들을 막아 냈을 거예요.

뼈뭉치 가시 꼬리
꼬리 끝에 뼈가 뭉쳐서 생긴 곤봉 같은 뼈뭉치가 달려 있고, 길이 5cm의 가시 두 쌍이 돋아 있어요.

짧은 목
짧은 목을 들어 올려 넓적한 주둥이로 많은 양의 나뭇잎을 뜯어 삼켰어요.

기둥 같은 다리
튼튼한 네 다리로 무거운 몸을 잘 지탱했어요.

살던 시기 | **쥐라기 후기**

분류	몸길이	몸무게	발견 장소
수각류	2m	30kg	브라질

Staurikosaurus
남십자성 도마뱀

38

스타우리코사우루스

트라이아스기 후기에 살았던 원시 공룡 가운데 하나예요. 백악기의 수각류보다 크기가 작고, 발가락뼈의 개수 등 여러 면에서 원시적인 형태를 갖고 있어요. 두 다리로 활동적으로 움직이며 크고 작은 동물들을 잡아먹는 포식자였을 거예요.

트라이아스기 후기 | 살던 시기

39 *Stegosaurus*
지붕 도마뱀

스테고사우루스

스테고사우루스는 쥐라기 후기에 살았던 검룡류 중 가장 몸집이 컸어요.
등 위에 돛처럼 생긴 커다란 골판이 두 줄로 엇갈려 솟아 있는데,
혈관이 뻗어 있어서 이것으로 체온을 조절했을 것으로 추측해요.
꼬리에 난 두 쌍의 가시는 몸을 보호하기 위한 방어 무기였어요.

분류	몸길이	몸무게	발견 장소
검룡류	7~9m	3~5t	미국·포르투갈

커다란 골판
목 위에서부터 꼬리까지 오각형의 골판 17~22개가 두 줄로 솟아 있어요. 목부터 어깨까지 크기가 커졌다가 뒷다리부터 조금씩 작아져요.
가시 달린 꼬리
꼬리 끝에 날카롭고 강한 두 쌍의 가시가 돋아 있어요. 여기에 맞아 구멍이 생긴 알로사우루스의 뼈가 발견된 적도 있어요.

분류	몸길이	몸무게	발견 장소
수각류	4.3m	150kg	미국·캐나다

40 *Struthiomimus*
타조를 닮은 것

스트루티오미무스

이름 그대로 오늘날의 타조를 닮은 공룡이에요.
타조처럼 몸이 가볍고 뒷다리가 길어서 빠르게 잘 달렸어요.
가늘고 긴 목을 두리번거리며 작은 동물을 찾아 잡아먹거나
뾰족한 부리로 나뭇잎과 열매도 따 먹은 잡식성이었어요.

이빨 없는 부리
주둥이 끝은 단단한
부리처럼 생겼어요.
오늘날의 새처럼
이빨은 없었어요.

긴 꼬리
달릴 때 긴 꼬리를 이리저리
움직여 방향을 바꾸었어요.

날렵한 몸
몸이 가볍고 날랬어요.
길쭉한 뒷다리를 이용해
시속 50km 이상의 속도로
뛸 수 있었어요.

살던 시기 | **백악기 후기**

분류	몸길이	몸무게	발견 장소
후두류	2~3m	70~90kg	미국

Stygimoloch

스틱스의 강(저승)에서 온 악마

스티기몰로크

머리의 뿔과 혹들이 험상궂어 '저승에서 온 악마'란 이름을 얻었지만 현재는 스티기몰로크를 어린 파키케팔로사우루스로 여기고 있어요. 새끼가 자라면서 머리의 뿔이 짧아진 것으로 추측하기 때문이에요.

단단한 머리

바가지를 엎어 놓은 모양이에요. 뒤통수에 길이 10cm의 뿔이 여러 개나 있고, 머리 주위에 작고 단단한 돌기가 박혀 있어요.

뾰족한 부리

부리 안에 나뭇잎 모양의 어금니가 있어서 식물을 씹어 먹는 데 사용했어요.

강한 뒷다리

튼튼한 뒷다리로 뛸 수 있었고, 짧은 앞다리로 나뭇잎이나 풀을 잡거나 훑어 먹었어요.

백악기 후기 | 살던 시기

초식 공룡들은 하루 종일 먹이를 찾아 먹느라 바빴어요. 하지만 사나운 육식 공룡들이 호시탐탐 초식 공룡을 노리고 있어서 마음 편히 풀을 뜯어 먹지 못했어요. 그래서 저마다 방어용 무기를 진화시켜 자신의 몸을 보호해야 했어요. 초식 공룡은 몸에 어떤 무기를 가지고 있었을까요?

뾰족한 뿔

각룡류는 머리에 달린 뿔로 적의 공격에 맞섰어요. 실제로 트리케라톱스의 뿔은 티라노사우루스의 급소를 공격하기에 딱 알맞은 위치에 자리하고 있어요.

단단한 머리

파키케팔로사우루스 같은 후두류는 머리뼈가 두꺼워서 무척 단단해요. 위험한 상황에 닥치면 박치기를 하러 돌격할지도 몰라요.

가시 달린 꼬리

검룡류 꼬리에 달린 날카로운 가시는 육식 공룡에게 위협을 가하는 강력한 무기예요. 눈을 찌르거나 끔찍한 부상을 입힐 수 있기 때문이에요.

골편과 뼈뭉치

곡룡류의 피부 밑에는 단단한 골편이 몸을 감싸고 있어서 육식 공룡이라도 함부로 물지 못해요. 또한 뼈뭉치로 이루어진 꼬리를 휘두르면 상대의 다리뼈를 부러뜨릴 수도 있어요.

분류	몸길이	몸무게	발견 장소
각룡류	5~5.5m	2~3t	미국·캐나다

Styracosaurus
가시 돋친 도마뱀

42

스티라코사우루스

화려한 프릴과 강력한 코뿔을 가진 각룡류 공룡이에요.
프릴의 가시가 앞을 향하지 않고 옆으로 뻗은 것으로 보아
몸을 보호하기보다 자신을 돋보이기 위한 용도였을 거예요.
부리처럼 생긴 입으로 단단한 나무 열매나 질긴 식물도 잘 먹었어요.

화려한 머리
머리에 달린 화려한 프릴에
네 쌍의 길고 날카로운 가시가
뻗어 있어요. 작은 가시들은
저마다 모양이 달랐어요.

강력한 코뿔
콧등 위의 커다란 뿔은
60cm 가까운 길이로,
상대와 싸울 때 자신을
방어하는 역할을
했을 거예요.

휘어진 부리
부리 끝이 좁고
앵무새처럼 휘어져
식물의 줄기를 모으고
자르는 데 적합했어요.

굳건한 다리
네 다리가 튼튼하고 힘이 세서 싸울 때
잘 버텼고, 상대를 밀어붙일 때는 엄청난
힘을 발휘했을 거예요.

백악기 후기 | 살던 시기

43 *Spinosaurus*
척추 도마뱀

스피노사우루스

현재까지 발견된 수각류 중에서 가장 긴 몸길이를 가졌어요.
등에 솟은 부채 모양의 돛 때문에 더 커 보이며 위협적인 모습이에요.
스피노사우루스는 강이나 늪지대 주변에서 서식한 것으로 추측되는데
깊은 물속에서 헤엄을 쳤는지, 거대한 돛은 무슨 역할을 했는지,
이족보행을 했는지 등 여러 방면의 연구를 진행하고 있답니다.

커다란 돛
척추뼈의 일부가 길게 자란
길이 1.6m에 이르는 막대 같은 돌기들이
피부에 싸여 마치 거대한 돛처럼 보여요.
평소에는 접고 있다가 햇빛이 비치면 세워
체온을 조절하거나 자신을 과시하는
용도였을 거예요.

살던 시기 | **백악기 후기**

분류	몸길이	몸무게	발견 장소
수각류	14~15m	7~8t	아프리카

악어 머리

머리뼈 길이가 2m에 달해요. 주둥이 끝에 작은 구멍들이 나 있는데 물속에서 먹이를 찾는 감각 기관인 것으로 추측해요.

날카로운 이빨

입안에 고깔 모양의 날카로운 이빨이 가득해요. 미끄러운 물고기를 이빨로 고정시키고 휘둘러 찢었을 거예요.

고기 잡는 앞발톱

앞발가락 3개 중 하나는 30cm나 되며, 발톱이 날카롭게 휘어져 있어서 물고기나 작은 동물을 움켜잡기에 편리했어요.

분류	날개 편 길이	몸무게	발견 장소
익룡	30~50cm	40g	독일

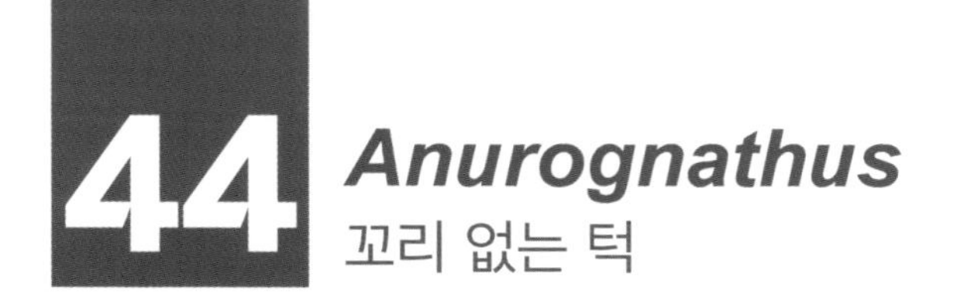

Anurognathus
꼬리 없는 턱

아누로그나투스

박쥐를 닮은 아누로그나투스는 쥐라기 때 살았던 소형 익룡이에요.
아누로그나투스과 익룡들은 눈이 큰 것이 특징이에요.
뛰어난 시력으로 해 뜰 무렵이나 어두운 밤에도 활동하며
날아다니는 곤충을 잡아먹었을 것으로 추측해요.

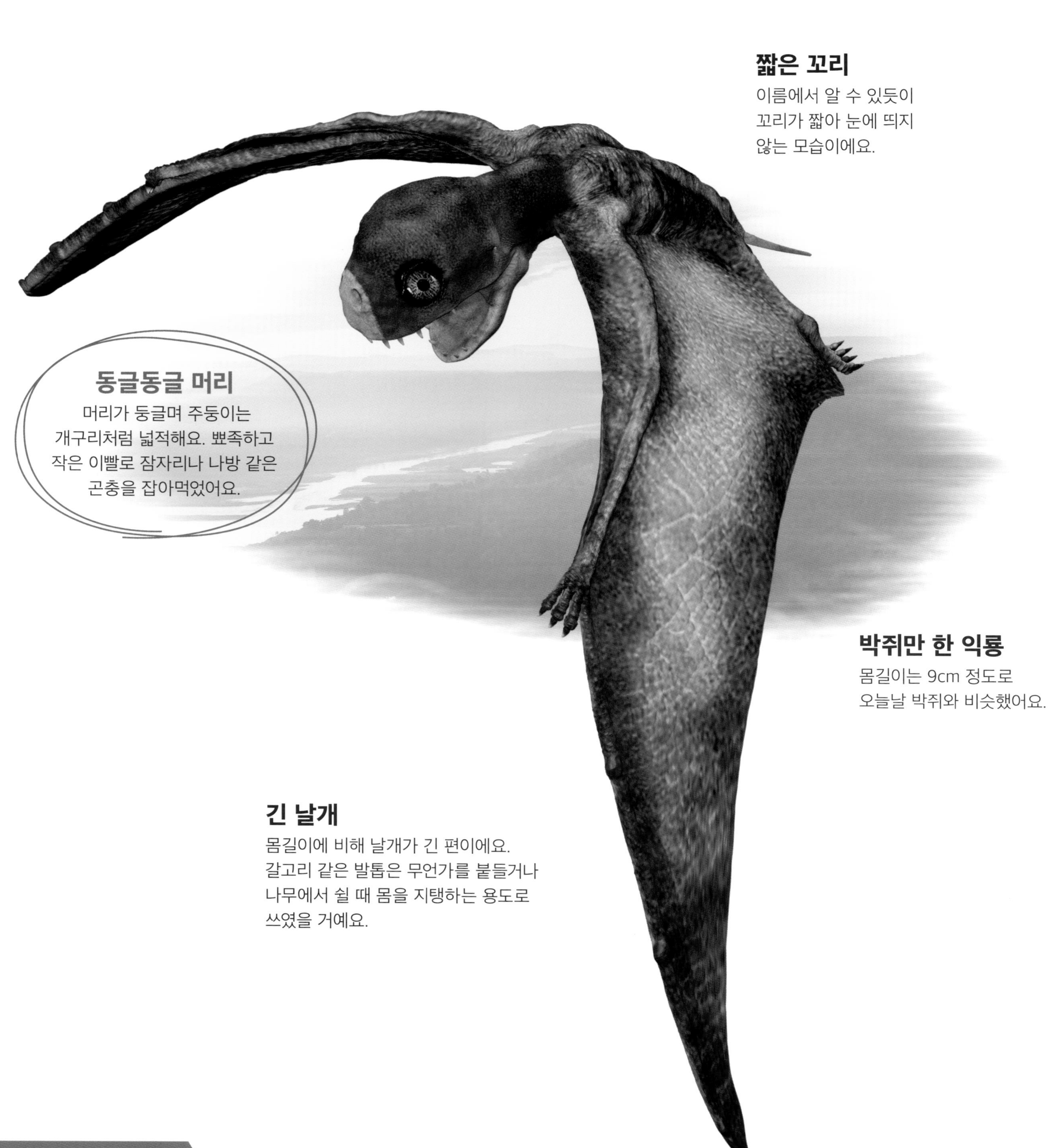

짧은 꼬리
이름에서 알 수 있듯이 꼬리가 짧아 눈에 띄지 않는 모습이에요.

동글동글 머리
머리가 둥글며 주둥이는 개구리처럼 넓적해요. 뾰족하고 작은 이빨로 잠자리나 나방 같은 곤충을 잡아먹었어요.

박쥐만 한 익룡
몸길이는 9cm 정도로 오늘날 박쥐와 비슷했어요.

긴 날개
몸길이에 비해 날개가 긴 편이에요. 갈고리 같은 발톱은 무언가를 붙들거나 나무에서 쉴 때 몸을 지탱하는 용도로 쓰였을 거예요.

살던 시기 | **쥐라기 후기**

분류	몸길이	몸무게	발견 장소
용각류	30~40m	65~80t	아르헨티나

45

Argentinosaurus

아르헨티나의 도마뱀

공룡이 멸종되기 직전까지 번성했던 초대형 목긴공룡으로 남반구에 위치한 아르헨티나에서 처음 화석이 발견되었어요. 발견된 화석의 수가 적어서 정확한 생김새를 알 수 없지만 지금까지 발견된 공룡 중 가장 크고 무거운 공룡으로 추정해요.

작고 높은 머리

머리뼈가 발견되지 않았지만 다른 용각류 공룡처럼 몸집에 비해 머리는 작았을 거예요.

가장 큰 공룡

발견된 다리뼈와 척추뼈 일부로 대략적 크기를 가늠해 보고 있어요. 몸길이는 최대 40m 정도로 어마어마한 덩치였을 거예요.

느린 걸음

무거운 몸을 이끌고 걷는 속도는 사람이 빠르게 걷는 속도와 비슷했어요.

백악기 후기 | 살던 시기

분류	몸길이	몸무게	발견 장소
용각류	9~10m	3t	아르헨티나

46 *Amargasaurus*
아마르가의 도마뱀

아마르가사우루스

아르헨티나의 아마르가 협곡에서 화석이 발견된 용각류 공룡으로 다른 목긴공룡에 비해 몸집이 작지만 눈에 띄는 외모를 가졌어요. 목 뒤부터 등까지 가시가 줄지어 솟아 있는 것이 특징인데 이성에게 과시하기 위한 용도였을 것으로 추측할 수 있어요.

길쭉한 가시
가장 긴 가시의 길이는 약 60cm였어요. 이것은 목뼈가 길어진 것으로, 자신의 몸을 보호하기에는 가늘고 약했어요.

길고 가는 꼬리
길고 가는 꼬리로 몸의 균형을 잡고, 적으로부터 공격을 당할 때 휘둘러 방어했어요.

짧은 목
목 길이는 2m 정도로 다른 용각류에 비해 짧았어요.

살던 시기 | **백악기 전기**

분류	몸길이	몸무게	발견 장소
수각류	7m	1~2t	아르헨티나

Abelisaurus
아벨(발견자)의 도마뱀

47

아벨리사우루스

화석을 처음으로 발견한 박물학자 '아벨'의 이름을 따왔어요.
백악기 후기에 남반구에서 번성했던 중대형 수각류 공룡으로
살타사우루스에겐 아벨리사우루스가 가장 큰 적이었을 거예요.
앞다리가 무척 짧고, 주둥이가 뭉툭한 것이 특징이에요.

뭉툭한 주둥이
머리뼈 화석만 발견되었어요.
주둥이는 짤막하고 눈 위의
뼈가 도드라져 있어요.

날카로운 이빨
칼 같은 이빨이 나 있는데
작지만 톱니가 있어
강력했을 거예요.

너무 짧은 앞다리
앞다리가 무척 짧아요. 뒷다리는
근육질로 곧게 뻗어 있어서
빠르게 달릴 수 있었어요.

백악기 후기 | 살던 시기

분류	몸길이	몸무게	발견 장소
수각류	12m	6t	미국

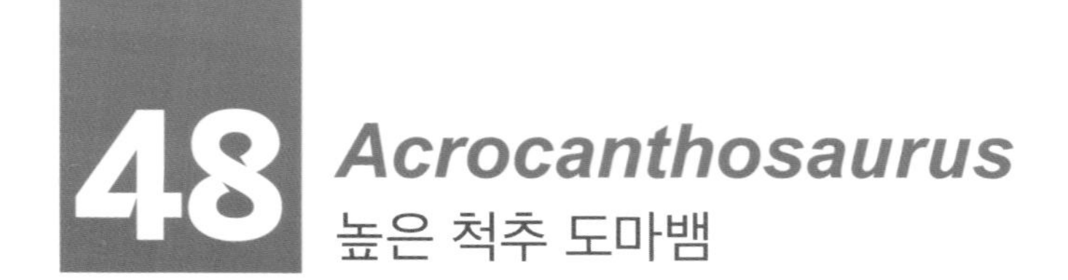

Acrocanthosaurus
높은 척추 도마뱀

아크로칸토사우루스

백악기 후기에 북아메리카 대륙에서 가장 크고 포악했던 공룡이 티라노사우루스라면, 아크로칸토사우루스는 그보다 앞선 시기에 사나운 포식자 자리를 차지했던 대형 수각류 공룡이에요. 목에서부터 꼬리까지 척추뼈의 일부가 솟아 있는 것이 특징으로, 서대문자연사박물관에 가면 이 공룡을 만날 수 있어요.

높이 솟은 척추뼈
목에서 꼬리까지 솟아 있는 척추뼈 돌기는 60cm에 달해요. 강력한 근육으로 두텁게 덮여 있었을 거예요.

작은 볏
콧등이 오돌토돌하며 눈 주위에는 볏이 돋아 있는 모습이에요.

짧은 앞다리
앞발가락에 3개의 발톱이 있어요. 앞다리의 움직임이 제한적이어서 덥석 문 먹잇감을 단단히 붙잡는 용도였을 거예요.

살던 시기 | **백악기 전기**

분류	몸길이	몸무게	발견 장소
용각류	21~23m	16~22t	미국

아파토사우루스

이 공룡의 꼬리뼈 화석을 처음 발견한 과학자는 해양 파충류인 모사사우루스의 것으로 생각했대요. 그래서 '속이는 도마뱀'이란 뜻의 이름이 붙었어요. 아파토사우루스는 목이 두껍고 몸통이 커서 몸길이에 비해 몸이 꽤 무거웠을 거예요.

굵은 목

목이 굵은 편이며 그리 유연하지 않아서 풀을 먹을 땐 주로 목을 좌우로 움직여 키 작은 나무의 잎을 먹었을 거예요.

둥근 몸통

몸통은 크고 둥글었어요. 앞다리가 뒷다리보다 짧아서 뒷다리를 펴면 앞으로 숙인 자세를 취했어요.

강력한 꼬리

가늘고 기다란 꼬리를 세게 휘둘러서 방어용 무기로 사용했어요.

쥐라기 후기 | 살던 시기

50 *Ankylosaurus*
융합된 도마뱀

안킬로사우루스

지금까지 알려진 곡룡류 중에서 가장 몸집이 큰 공룡이에요.
머리부터 꼬리까지 단단한 골편이 갑옷처럼 몸을 두르고 있고,
꼬리 끝에는 뼈가 뭉쳐서 생긴 곤봉 같은 덩어리가 달려 있어요.
적이 나타나면 꼬리를 양옆으로 세차게 휘둘렀을 거예요.

여섯 줄의 골편
등 전체에 여섯 줄의 골편이 줄지어 박혀 있고, 콧등과 이마까지 크고 작은 골편으로 덮여 있어요. 이는 육식 공룡의 공격을 막는 최고의 방어 무기였어요.

삼각형 머리
머리가 작고 위에서 보면 삼각형이에요. 머리 앞뒤로 모서리에 두 쌍의 가시가 솟아 있어요.

살던 시기 | **백악기 후기**

분류	몸길이	몸무게	발견 장소
곡룡류	6~8m	4~8t	미국·캐나다

뼈뭉치 꼬리
꼬리 끝의 덩어리는 뼈가 뭉쳐서 생긴 것으로 망치처럼 휘두르면 강력한 방어 효과가 있었어요.

느리고 짧은 다리
짧은 네 다리로 육중한 몸을 지탱했어요. 걷는 속도가 무척 느렸으며, 위기가 닥치면 짤막한 다리를 웅크려 땅에 납작 엎드렸을 거예요.

하늘의 지배자, 익룡

공룡 시대에는 날개를 가진 파충류가 하늘을 날아다녔어요. 바로 '익룡'이에요.
익룡은 최초로 하늘을 날아다닌 척추동물이에요. 중생대 후기로 갈수록 번성하여
전투기만 한 것까지 나타났어요. 그런데 크기가 큰 익룡은 어떻게 하늘을 날았을까요?
하늘을 나는 오늘날의 새, 박쥐와 비교해 보면 그 비밀을 알 수 있어요.

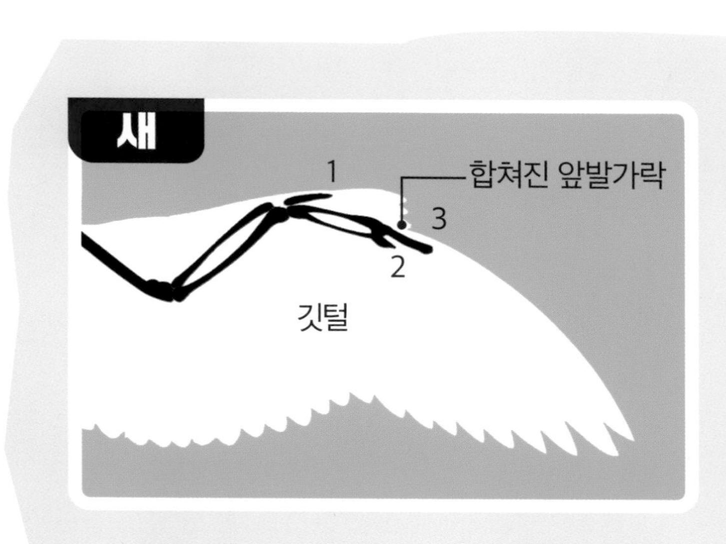

새는 두 번째와 세 번째 앞발가락뼈가 하나로 합쳐진
앞다리에 깃털이 풍성하게 달려 날개를 이루고 있어요.
뼈 속이 비어 있고 공기로 차 있어서 가벼워요.

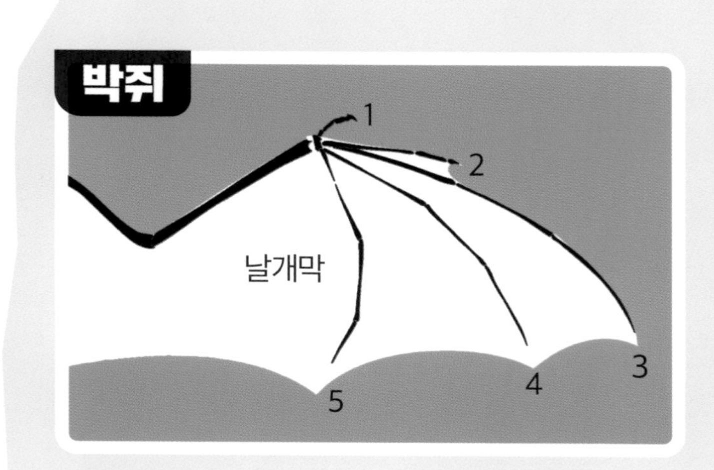

박쥐는 두 번째 발가락부터 다섯 번째 발가락이 길어져서
그 사이에 생긴 얇은 날개막으로 날아요. 깃털은 없어요.
오래 날거나 높이 날지 못하고, 동굴에서 짧은 거리를 날아요.

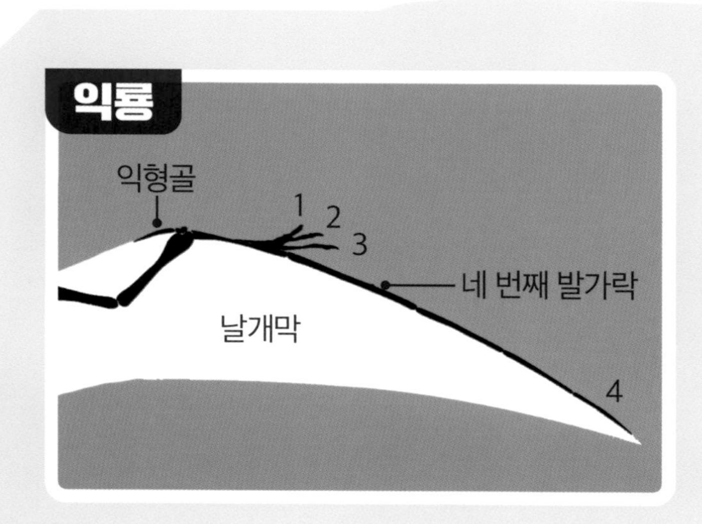

앞다리로 땅을 박찬 뒤
날개를 펼쳐 날아올랐어요.

익룡은 네 번째 발가락이 길어져 날개막이 만들어졌어요.
앞다리뼈에 갈고리 같은 뼈(익형골)가 있어서 긴 날개를
지탱하며 유유히 활공하는 방식으로 날았어요.

분류	날개 편 길이	몸무게	발견 장소
익룡	5m	?	브라질

Anhanguera
옛날 악마

51

안항구에라

남아메리카의 해안가에서 살았던 백악기 중형 익룡이에요.
대부분의 시간을 넓은 바다 위를 유유히 날아다니며
길고 뾰족한 앞이빨로 물고기를 낚아채어 잡아먹었어요.

하루 종일 활공
날개가 길고 다리는 약해서
바람을 타고 활공하며 공중에서
시간을 보냈을 거예요.

둥근 볏
주둥이 위아래의 둥근 볏은
자신을 과시하기 위한
멋내기용이었을 거예요.

뻐드러진 앞이빨
뾰족한 앞이빨이 집게처럼
앞으로 돌출되어 있어 물고기를
잡을 때 용이했을 거예요.

가벼운 몸
익룡은 날개가 몸의 대부분을
차지하며, 파이프처럼 뼈 속이
비어 있어서 몸이 무척 가벼워요.

백악기 후기 | 살던 시기

52 *Allosaurus*
이상한 도마뱀

알로사우루스

쥐라기 후기에 북아메리카 대륙에서 가장 흔했던 육식 공룡이에요.
발견된 화석이 꽤 풍부한 것으로 볼 때 개체 수가 많았으며,
먹이 사슬의 최상위 포식자였음을 알 수 있어요.
자기보다 덩치가 큰 스테고사우루스나 어린 목긴공룡도 공격했는데,
크게 벌어지는 입으로 먹이를 잡고 물어뜯는 방법으로 사냥했어요.

눈썹에 솟은 볏
눈 위에 뼈로 된 한 쌍의 볏이
뭉툭하게 솟아 있어요.

놀라운 각도
알로사우루스는 입을 위아래로
크게 쩍 벌릴 수 있었어요.
날카로운 이빨로 급소를 찍어
갈가리 상처를 입혔을 거예요.

강한 앞발톱
티라노사우루스에 비하면 앞다리가 길고,
앞발가락은 3개예요. 날카로운 발톱으로
발버둥치는 먹잇감을 꼭 붙잡았을 거예요.

살던 시기 | **쥐라기 후기**

분류	몸길이	몸무게	발견 장소
수각류	8.5~10m	2~2.5t	미국·포르투갈

힘센 꼬리

강하고 힘센 꼬리를 가지고 있었어요. 사냥 시 몸의 균형과 수평을 도왔고 꼬리로 사냥감을 후려치기도 했어요.

분류	몸길이	몸무게	발견 장소
수각류	8~9m	2~3t	캐나다

53 *Albertosaurus*
앨버타의 도마뱀

알베르토사우루스

캐나다의 앨버타주에서 화석이 발견된 수각류 공룡으로
전체적으로 고르고사우루스와 흡사하게 생긴 모습이에요.
한꺼번에 다양한 연령대의 화석들이 발견된 것으로 보아
작은 무리를 지어 사냥한 것으로 추측해요.

눈의 볏
눈 위에 작은
볏이 나 있어요.

커다란 머리
머리뼈의 길이는 약 1m이며,
근연종인 고르고사우루스와
비교하면 머리 폭이 더
넓은 편이에요.

뻣뻣한 꼬리
곧고 뻣뻣한 꼬리로 사냥감을
강력하게 후려칠 수 있었어요.

짧은 앞다리
다른 수각류에 비해
앞다리가 유독 짧아요.
발가락은 2개예요.

살던 시기 | **백악기 후기**

분류	몸길이	몸무게	발견 장소
곡룡류	6m	3t	미국·캐나다

Edmontonia
에드먼턴의 것

54 에드몬토니아

안킬로사우루스와 같은 시대, 같은 지역에서 살았던 공룡이에요. 에드몬토니아의 몸은 갑옷처럼 단단한 골편으로 이루어져 있고, 목 주위와 어깨에 날카로운 가시가 뻗어 있는 것이 특징이지요. 단단한 주둥이 끝을 이용해 질긴 식물을 잘 먹었어요.

진격의 어깨 가시
목에서 꼬리까지 등 전체가 단단한 골편으로 덮여 있어요. 어깨에 난 긴 가시들은 앞쪽을 향해 휘어 있어요.

근육질 꼬리
꼬리까지 골편이 있어요. 꼬리에 뼈뭉치가 없는 노도사우루스과에 속해요.

짧은 다리
네 다리가 짧고 머리 위치가 낮기 때문에 지면과 가까운 식물을 뜯어먹었어요.

홀쭉한 주둥이
주둥이는 단단한 부리 형태로 앞쪽으로 갈수록 홀쭉한 모습이에요.

백악기 후기 | 살던 시기

분류	몸길이	몸무게	발견 장소
조각류	12m	5t	미국·캐나다

55 *Edmontosaurus*

에드먼턴의 도마뱀

에드몬토사우루스

조각류 공룡은 입이 오리주둥이처럼 생겨서 '오리주둥이공룡'이라 불려요. 입안에 수백 개의 이빨이 나 있어서 질긴 식물도 잘 씹어 먹었기 때문에 공룡 대멸종이 있기 전까지 개체 수를 늘리며 살아남을 수 있었어요. 에드몬토사우루스는 티라노사우루스의 주요 사냥감이었어요.

오리주둥이

주둥이가 무척 넓적해요. 질긴 식물을 주둥이 끝으로 잘라 이빨로 질근질근 씹었고, 넓은 볼 안에 음식물을 저장했어요.

빳빳한 꼬리

두껍고 빳빳한 꼬리가 달릴 때 몸의 균형을 잡아 주었어요.

유용한 다리

평소엔 네발로 다니다가 빨리 걷거나 뛸 때는 뒷다리로만 걸었어요.

살던 시기 | **백악기 후기**

분류	몸길이	몸무게	발견 장소
곡룡류	5.5m	2t	미국·캐나다

Euoplocephalus
잘 무장된 머리

56

에우오플로케팔루스

에우오플로케팔루스는 안킬로사우루스와 비슷한 곡룡류 공룡이에요. 온몸이 딱딱한 골편으로 덮여 있는데 어떤 것은 삐죽삐죽 솟아 있어요. 머리를 높이 들지 못하기 때문에 낮게 자란 풀이나 나무 줄기를 찾아 먼 거리를 혼자 돌아다니며 생활했던 것으로 보여요.

백악기 후기 | 살던 시기

공룡의 똥

똥이 화석으로 발견된 것을 '분석'이라고 해요. 인도에서는 다섯 종류의 풀이 들어 있는 초식 공룡의 분석이 발견되었고, 미국에서는 공룡 분석에서 조개껍질 부스러기 등이 나오기도 했어요. 분석을 조사하면 공룡이 무엇을 먹었는지, 소화 방법뿐만 아니라 공룡이 살았던 시대의 생태계와 먹이 사슬에 대한 귀중한 정보도 얻을 수 있습니다.

얼마나 먹었을까?

중생대의 식물은 굉장히 질기고 고기에 비해 영양분은 적어 덩치 큰 용각류는 하루에 500kg 이상의 식물을 먹었을 거예요. 육식 공룡들은 한번 사냥에 성공하면 며칠은 먹지 않아도 에너지를 비축할 수 있었어요.

얼마나 누었을까?

하루에 500kg 이상 풀을 먹는 초식 공룡의 경우 최소한 100kg의 똥을 누었을 거예요. 미국에서 발견된 초식 공룡의 분석 중에는 길이가 1m나 되는 것도 있어요!

냄새는 어땠을까?

코끼리 같은 초식 동물의 똥은 냄새가 고약하지 않아요. 마찬가지로 초식 공룡의 똥은 냄새가 심하지 않았을 거예요. 반면 육식 공룡은 사자의 똥처럼 소화되지 않은 고기나 뼈들로 인해 가스가 많아 냄새가 지독했을 거예요.

분류	몸길이	몸무게	발견 장소
각룡류	4.5m	1.3t	미국

Einiosaurus
물소 도마뱀

57

에이니오사우루스

물소처럼 아래로 굽은 특이한 코뿔을 가진 각룡류 공룡이에요.
코뿔 모양이 육식 공룡을 방어하기에는 위협적이지 않았지만
풀뿌리를 자르거나 땅을 파헤칠 경우엔 유용하게 쓰였을 거예요.
앵무새 부리 같은 입으로 소철과 침엽수 등 다양한 식물을 먹었어요.

뿔 달린 프릴
방패 모양의 프릴 위로 크고
날카로운 뿔이 한 쌍 솟아 있어요.
프릴 주위에는 작은 가시들이
둥글게 나 있어요.

병따개 코뿔
코뿔이 아래쪽으로 굽어 있어
뾰족한 모양이라 하더라도 사나운
육식 공룡에게 큰 위협을 주지는
못했을 거예요.

뾰족한 주둥이
부리로 된 주둥이는 폭이 좁고
끝이 뾰족한 모양이에요. 나뭇잎을
고르거나 자르는 데 알맞았어요.

백악기 후기 | 살던 시기

58 *Elasmosaurus*

납작 판 도마뱀

엘라스모사우루스

백악기 후기의 대표적인 해양 파충류로, 목이 무척 긴 동물이에요.
물속에서는 숨을 쉴 수 없어 물 밖으로 고개를 내밀어 숨을 쉬었어요.
지느러미발을 노처럼 위아래로 저어 물속을 헤엄쳐 다니며
뾰족한 이빨을 이용해 물고기, 오징어 등을 잡아먹었어요.

목이 긴 수장룡

목뼈가 72개로, 지구에서 가장 많은 목뼈를 가졌던 동물이에요. 7~9m에 달하는 목은 아래쪽으로 잘 휘어져서 아래로 지나가는 물고기를 사냥하는 데 용이했어요.

송곳니 같은 이빨

길고 날카로운 이빨로 먹이를 입안에 가두고 통째로 집어삼켰을 거예요.

살던 시기 | **백악기 후기**

분류	몸길이	몸무게	발견 장소
해양 파충류	10~14m	2~3t	미국

길지 않은 꼬리

꼬리는 길지 않고, 물고기처럼 지느러미가 아니라서 물속에서는 꼬리 힘으로 나아가지 못했어요. 방향을 바꿀 때 꼬리를 이용했어요.

노 같은 지느러미발

앞으로 나아갈 때 노처럼 저어 움직였어요. 앞발이 내려가면 뒷발이 올라가는 식으로 반대로 움직이며 나아갔어요.

59 *Ornithomimus*
새를 닮은 것

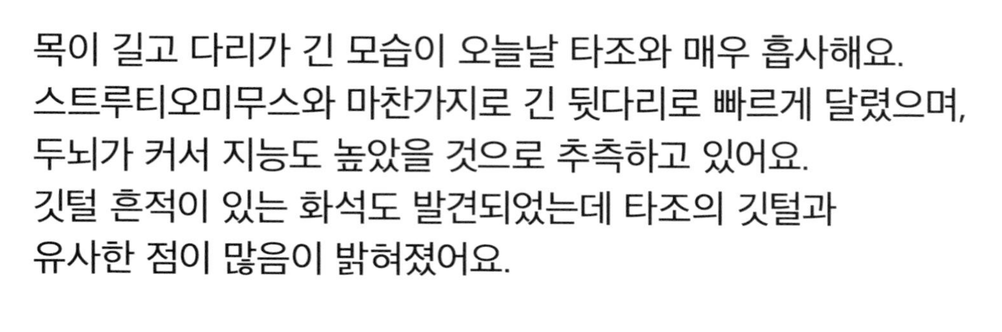

오르니토미무스

분류	몸길이	몸무게	발견 장소
수각류	3.8m	170kg	미국·캐나다

목이 길고 다리가 긴 모습이 오늘날 타조와 매우 흡사해요.
스트루티오미무스와 마찬가지로 긴 뒷다리로 빠르게 달렸으며,
두뇌가 커서 지능도 높았을 것으로 추측하고 있어요.
깃털 흔적이 있는 화석도 발견되었는데 타조의 깃털과
유사한 점이 많음이 밝혀졌어요.

잡식성

이빨이 없는 주둥이로
곤충이나 작은 도마뱀,
열매 등을 먹었어요.

깃털 공룡

앞다리와 등에 깃털이 있던 흔적이
발견되었어요. 어릴 때는 부드러운
솜털로 뒤덮여 있었을 거예요.

기다란 앞발가락

나무늘보처럼 긴 앞발가락이
3개예요. 나뭇가지를 잡아
당기거나 사냥감을 발톱으로
할퀴었을 거예요.

빠른 뒷다리

뒷다리가 타조처럼 날렵해요.
근육이 잘 발달되어 있으며
달릴 때는 시속 50km 이상의
속도를 낼 수 있었어요.

살던 시기 | **백악기 후기**

분류	몸길이	몸무게	발견 장소
수각류	1.5~2m	33~40kg	몽골

Oviraptor
알 도둑

60

오비랍토르

몽골의 고비 사막에서 발견될 때 둥지와 알 화석이 함께 나왔어요. 과학자들은 이 공룡의 부리가 마침 뾰족해서 알을 훔쳐 먹다가 화석이 된 것으로 생각하고, '알 도둑'이라는 이름을 지었는데 알고 보니 오비랍토르가 자신이 낳은 알을 품은 것이었어요. 머리 위의 동그란 볏과 굽은 부리가 인상적인 공룡이랍니다.

화식조 닮은 볏
가장 위험한 새로 알려진 화식조는 머리에 둥근 볏이 달려 있는 새예요. 오비랍토르과의 공룡들은 대부분 머리에 뼈로 된 볏이 있어요.

깃털 공룡
온몸이 깃털로 덮여 있었을 것으로 추측해요.

이빨 없는 부리
이빨 없는 뾰족한 부리로 도마뱀을 잡아먹기도 했어요.

뾰족한 앞발톱
뾰족한 발톱이 있는 앞발가락 3개는 먹이를 움켜잡기에 편리했어요.

분류	몸길이	몸무게	발견 장소
해양 파충류	4m	950kg	유럽·아메리카

61 *Ophthalmosaurus*
눈 도마뱀

오프탈모사우루스

쥐라기 후기에 전 세계의 바다에서 흔하게 살았던 어룡으로
돌고래를 닮은 유선형의 몸에 매우 커다란 눈을 가졌어요.
시력이 뛰어나 어두운 심해에서도 사냥이 가능했을 거예요.
주둥이가 좁고 이빨이 작아 오징어처럼 작은 물고기를 먹었어요.

넓은 꼬리지느러미
수직으로 선 넓은 꼬리지느러미를 좌우로 움직여 추진력을 얻었어요.

빠른 지느러미발
앞지느러미가 뒷지느러미보다 커요. 전력을 다해 헤엄치면 최대 시속 40km의 속도를 냈을 거예요.

커다란 눈
안구의 지름이 20cm나 되는데, 이는 템노돈토사우루스 다음으로 큰 크기예요. 눈 주위의 뼈가 안구를 보호해 주어 심해까지 내려갈 수 있었어요.

살던 시기 | **쥐라기 후기**

분류	몸길이	몸무게	발견 장소
검룡류	7m	4t	중국

Wuerhosaurus
우얼허의 도마뱀

62

우에로사우루스

백악기로 접어들면서 검룡류들은 서서히 자취를 감추었는데
우에로사우루스는 백악기 전기까지 살아남은 몇 안 되는 종이에요.
발견된 화석이 적고 손상되어 정확한 모습은 알 수 없지만
등에 난 골판 몇 조각이 둥글넓적한 모양으로 발견되었어요.

둥글넓적 골판
골판은 납작하고 끝이 모나지
않은 둥그스름한 형태예요.
스테고사우루스처럼 등에 두 줄로
줄지어 있었을 거예요.

가시 달린 꼬리
두 쌍의 뾰족한
가시가 꼬리 끝에
솟아 있어요.

짧은 앞다리
앞다리는 뒷다리보다 짧지만
힘이 세서 앞발로 지면을 긁거나
파헤치기도 했을 거예요.

백악기 전기 | 살던 시기

공룡의 알

모든 공룡은 알을 낳았어요. 공룡 알은 무척 클 것으로 생각하지만 꼭 그렇지만은 않아요.
알의 지름은 8~45cm로 다양했어요. 알이 너무 크면 껍데기가 두꺼워져 부화가 쉽지 않지요.
알에는 숨구멍이 무수히 많아 새끼가 이 숨구멍을 통해 태어나기 전까지 숨을 쉬었어요.
큰 공룡들은 알을 품지 않았던 것으로 보여요. 큰 공룡이 직접 알을 품으면
아무리 단단한 알이라도 그 무게를 버티지 못했을 테니까요.

동그란 알

초식 공룡의 알은 동그란 모양이에요.
어미 공룡은 한 번에 25~40개의 알을 둥지에 낳고, 흙이나 나뭇잎을 모아 그 위를 덮었어요.
알이 부화하려면 따뜻한 온기가 필요하기 때문이에요. 조각류 공룡인 마이아사우라는 진흙 속에 알을 낳기도 했어요.

길쭉한 알

오비랍토르는 길쭉한 알을 낳았어요.
알을 옆으로 눕히고 주변의 흙으로 덮어 둥지에서 굴러 떨어지지 않도록 했어요. 작은 공룡들은 오늘날 새처럼 알을 직접 품어 부화시켰어요.

분류	몸길이	몸무게	발견 장소
수각류	6~7m	500kg	미국

Utahraptor
유타의 도둑

63

우타랍토르

미국 서부의 유타주에서 화석이 발견된 수각류 공룡이에요. 뒷다리의 갈고리발톱과 톱니 이빨을 가진 무서운 사냥꾼으로, 자신보다 덩치가 큰 용각류 공룡도 거뜬히 사냥할 수 있었어요. 드로마에오사우루스과 공룡 중 가장 크고, 튼튼한 골격을 가졌는데 화석이 계속 발굴되고 있어서 정확한 모습은 아직 알 수 없어요.

튼튼한 머리

몸집에 비해 머리가 큰 편이며 날카롭고 뾰족한 톱니 이빨이 나 있어요.

앞다리 깃털

드로마에오사우루스과 공룡들은 온몸이 깃털로 덮여 있었을 것으로 추정하고 있어요. 앞다리에는 큰 깃털이 달려 있었을 거예요.

갈고리발톱

뒷다리 두 번째 발가락에 길고 강한 갈고리발톱이 있어요. 길이가 24cm 정도 되는 강력한 무기였어요.

백악기 전기 | 살던 시기

64 *Iguanodon*
이구아나의 이빨

이구아노돈

이빨 화석이 이구아나의 것처럼 생겨서 '이구아노돈'이란 이름이 붙었어요.
가장 큰 특징은 넓적한 오리주둥이와 앞발의 커다란 엄지발톱이에요.
평소에는 네발로 걸어 다니다가 높은 곳에 매달린 나뭇잎을 먹을 때는
두 발로 설 수 있었어요. 튼튼한 이빨로 질긴 식물까지 잘 먹어서
유럽 대륙에서 오랜 기간 번성했어요.

두 발 혹은 네발
사족보행을 주로 했지만 어릴 때는
튼튼한 뒷다리만으로 걷거나 뛰는
것이 가능했어요.

살던 시기 | **백악기 전기**

분류	몸길이	몸무게	발견 장소
조각류	9~11m	3~5t	유럽

네모난 머리

머리는 납작하고 네모난 모양이며 각질로 된 부리가 있어요. 주둥이 안에는 작은 어금니가 가득해서 질긴 풀도 잘 씹어 먹었어요.

뾰족한 엄지발톱

5개의 앞발가락 중 엄지발톱이 뾰족한 고깔 모양이에요. 억센 풀을 꺾거나 뿌리를 캐낼 때뿐만 아니라, 상대를 할퀴고 찌르는 데 사용했을 거예요.

분류	몸길이	몸무게	발견 장소
수각류	6~8m	1t	브라질

Irritator

짜증 나는 것

이리타토르

이 공룡의 머리뼈를 처음 발견한 화석 수집가가 표본을 심하게 훼손시켜서 과학자들이 복원하느라 애를 먹자 '짜증이 났다'는 뜻으로 이름을 지었대요. 바리오닉스, 수코미무스와 가까운 스피노사우루스과 공룡으로, 주둥이가 길고 이빨이 날카로워 펄떡이는 물고기를 잘 잡을 수 있었어요.

작은 볏

눈 윗부분의 뼈가 작은 볏처럼 부풀어 있어요.

척추뼈 돌기

골격 화석은 발견되지 않았지만 스피노사우루스처럼 등에 척추뼈 돌기가 솟아 있었을 거예요.

유연한 아래턱

아래턱이 크게 벌어져서 물고기뿐만 아니라 익룡까지 거뜬히 잡아먹었을 거예요. 긴 주둥이 앞쪽에 날카롭고 톱니 없는 이빨이 있어요.

살던 시기 | **백악기 전기**

분류	몸길이	몸무게	발견 장소
해양 파충류	2~3m	90~220kg	유럽·캐나다

Ichthyosaurus
물고기 도마뱀

66

이크티오사우루스

이크티오사우루스는 오늘날 돌고래와 비슷하게 생긴 어룡이에요. 눈이 커서 시력이 좋았고, 등지느러미와 꼬리지느러미가 발달해 자유자재로 바닷속을 다니며 오징어와 물고기를 주로 잡아먹었어요. 그런데 최근에 발견된 화석 연구 결과, 자신과 비슷한 크기의 해양 파충류까지 통째로 잡아먹었다는 것이 밝혀졌답니다.

기다란 주둥이
머리가 둥글고, 눈이 크며 긴 주둥이 안에 고깔 모양의 이빨이 가득했어요.

갈라진 꼬리지느러미
끝이 갈라진 수직형의 꼬리 지느러미를 좌우로 저어 물고기처럼 헤엄쳤을 거예요.

돌고래 닮은 몸
등지느러미는 삼각형이고, 날개처럼 생긴 지느러미발을 가졌어요. 돌고래와 비슷한 유선형의 몸이라 물속 생활에 유리했어요.

쥐라기 전기 | 살던 시기

분류	몸길이	몸무게	발견 장소
수각류	7m	1.2t	인도

67 *Indosuchus*

인도 악어

인도수쿠스

백악기 후기에 살았던 수각류 공룡으로, 인도에서 발견되었어요.
머리뼈 조각 몇 개만 발견되었기 때문에 생김새나 습성을 알기 어려워
한때는 티라노사우루스와 가까운 공룡으로 분류하기도 했어요.
티라노사우루스보다 작고, 원시적인 특성을 갖고 있어서
지금은 아벨리사우루스와 더 가까운 공룡으로 보고 있어요.

네모난 머리

네모난 머리의 윗부분이 평평한 모습이에요. 주둥이 안의 작고 날카로운 이빨에는 톱니가 달려 있었을 거예요.

두꺼운 꼬리

다른 육식 수각류처럼 두껍고 뻣뻣한 꼬리로 몸의 균형을 잡았을 거예요.

짧은 앞다리

앞다리가 매우 짧아요. 굽은 앞발톱으로 먹이를 꽉 쥐거나 제압했을 거예요.

살던 시기 | **백악기 후기**

분류	날개 편 길이	몸무게	발견 장소
익룡	3~3.5m	?	중국

Dsungaripterus
중가리아 분지의 날개

68

중가립테루스

쥐라기 후기부터 꼬리가 짧아지고 날개가 커진 익룡이 등장했어요. 이들은 자주 땅으로 내려와 날개를 접고 걸으며 먹이를 찾았어요. 중가립테루스는 뾰족하게 휘어진 부리로 물고기를 쉽게 잡을 수 있었고, 갯벌 속의 조개 같은 딱딱한 먹이도 어금니로 잘게 부숴 먹었어요.

날개 발가락
앞발의 네 번째 발가락이 길어져 날개막을 이루고 있어요. 나머지 세 발가락에는 발톱이 있어요.

머리의 볏
머리 길이가 50cm 정도이며 콧등에 볏이 낮게 솟아 있어요. 이 볏은 짝짓기를 위한 뽐내기용이었을 거예요.

짧은 꼬리
꼬리가 짧아진 이유는 먹이를 찾으려면 비행보다는 땅에서 걷거나 뛰어야 했기 때문이에요.

휘어진 주둥이
주둥이가 길고 좁으며 끝이 위로 휘어져 날카로운 모습이에요. 앞쪽에는 이빨이 없고 입 안쪽에 어금니들이 있어요.

백악기 전기 | 살던 시기

69 *Carnotaurus* 육식 황소

카르노타우루스

백악기 후기에 아르헨티나에서 살았던 대형 수각류 공룡이에요. 황소처럼 눈 위에 한 쌍의 뿔이 나 있는 것이 특징인데, 이 뿔은 상대를 공격하기에는 위협적이지 않아 뽐내기용이었을 거예요. 앞다리가 특히 짧아 팔의 기능을 하지 못했어요.

피부 화석

피부 화석이 발견된 몇 안 되는 공룡으로, 악어처럼 주름지고 각질로 덮여 있었어요. 몸 곳곳에 삐죽삐죽 돌기가 나 있었어요.

빠른 뒷다리

뒷다리가 길고 근육이 잘 발달했어요. 과학자들은 카르노타우루스가 시속 50km의 속도로 달렸을 거라고 해요.

살던 시기 | **백악기 후기**

분류
몸길이
몸무게
발견 장소
수각류
7.5~8m
2t
아르헨티나
눈 위의 뿔
머리 위에 길이가 15cm 정도 되는 뿔이 한 쌍 있어요. '육식 황소'라는 이름은 이 공룡이 뿔 달린 황소를 닮았기 때문이에요.
짧은 앞다리
앞다리가 매우 짧아서 사냥하거나 먹이를 먹을 때 도움이 되지 못했어요.

분류	몸길이	몸무게	발견 장소
수각류	10~12m	4~7t	아프리카

70 *Carcharodontosaurus*
상어 이빨 도마뱀

카르카로돈토사우루스

북아프리카에서 처음으로 발견된 대형 수각류 공룡으로
스피노사우루스와 함께 아프리카의 최상위 포식자였어요.
남아메리카에서 살았던 기가노토사우루스와 생김새가 비슷한 것은
같은 종이었다가 땅덩어리가 갈라지면서 다른 환경에 적응했기 때문이에요.

큰 머리

머리뼈의 길이가 1.5m 정도로
무척 크며, 크고 작은 구멍들이
나 있어서 무게를 줄여 주었어요.

톱니 이빨

상어처럼 이빨에 톱니가 있어요.
날카로운 이빨과 튼튼한 턱으로
먹이를 한번 물면 400kg까지
들어올릴 수 있었어요.

살던 시기 | **백악기 후기**

분류	몸길이	몸무게	발견 장소
각룡류	4~5m	1.5~2t	캐나다

Chasmosaurus
갈라진 도마뱀

71

카스모사우루스

머리의 커다란 뼈 장식은 가운데가 움푹 갈라진 하트 모양인데,
큰 구멍이 있고, 두께도 얇아 방어용이라고 하기엔 무리가 있어요.
그래서 어떤 과학자는 이성의 눈에 띄기 위한 것으로 보고,
프릴의 무늬가 무척 화려했을 거라고 추측하기도 해요.

화려한 머리뼈 장식
머리에 '프릴'이라 불리는 뼈 장식이 유독 길쭉해요. 뒤로 갈수록 더 넓어지는 형태로, 자신을 뽐내는 용이었을 거예요.

세 개의 뿔
눈썹 위에 뿔이 두 개, 콧등 위에 하나가 자리 잡고 있어요. 뿔의 길이나 휘어진 모양은 종에 따라 서로 달랐어요.

길쭉한 주둥이
주둥이가 좁고 부리가 길쭉해요.

지탱하는 다리
무거운 머리를 지탱하기 위해 앞다리는 항상 굽혀야 했을 거예요.

백악기 후기 | 살던 시기

분류	몸길이	몸무게	발견 장소
수각류	5~6m	700kg~1t	미국

72 *Ceratosaurus*
뿔 도마뱀

케라토사우루스

케라토사우루스의 코 위에는 작은 뿔이 솟아 있어요.
한때 과학자들은 이 뿔이 상대를 들이받는 용도라고 생각했지만
2cm밖에 안 되는 두께여서 현재는 뽐내기용으로 추측하고 있어요.
같은 시대에 살았던 알로사우루스보다 몸집은 작았지만
먹이를 두고 서로 치열하게 경쟁을 벌였을 거예요.

뿔과 볏
코 위에 13cm 길이의 뿔이 하나 솟아 있고, 눈 위에는 얇은 뼈로 이루어진 볏이 있어요.

한 줄의 돌기
목부터 등을 따라 꼬리까지 한 줄로 돌기가 나 있어요.

기다란 윗니
윗니가 길고 칼같이 날카로우며 톱니가 나 있어요.

짧은 앞다리
앞다리는 짧고 앞발가락은 4개예요. 발톱이 날카로워 사냥하는 데 유용했어요.

살던 시기 | **쥐라기 후기**

분류	날개 편 길이	몸무게	발견 장소
익룡	10~11m	200~250kg	미국

Quetzalcoatlus
케찰코아틀(아스테카 신화의 뱀 신)

73

케찰코아틀루스

케찰코아틀루스는 익룡 중에서도 가장 큰 종류에 속해요.
날개를 편 길이가 10m가 넘어 전투기 크기와 비슷하지요.
비행 능력이 뛰어났지만 공중에서 먹이를 낚아채는 방식보다는
날개를 접어 올리고 물 위를 거닐며 먹이를 사냥했던 것으로 보여요.

머리의 볏
머리 위에 뼈로 된 볏이
솟아 있어요. 화려한 볏일수록
짝짓기에 유리했을 거예요.

짧은 꼬리
퇴화된 꼬리를 가지고 있으며
너무 짧아 보이지 않거나
흔적만 있어요.

이빨 없는 주둥이
주둥이가 길고 뾰족해요.
이빨은 없지만 큰 턱으로
작은 동물들을 통째로
삼켰을 거예요.

두 종류
날개 편 길이가 10m가 넘는 것과
5m 정도로 작은 종류가 발견되었어요.

백악기 후기 | 살던 시기

분류	몸길이	몸무게	발견 장소
검룡류	4~5m	1.5t	탄자니아

켄트로사우루스

쥐라기 후기에 살았던 검룡류 공룡으로 스테고사우루스의 사촌뻘이에요. 몸집은 작지만 골판과 뾰족한 가시 때문에 위협적으로 보이지요. 옆구리의 큰 가시는 측면으로 공격해 오는 적을 막을 수 있었고, 꼬리 끝까지 이어지는 가시를 휘둘러 적으로부터 몸을 보호했어요.

켄트로사우루스

각룡류인 *Centrosaurus*와 곡룡류인 *Kentrosaurus*는 한글명이 같지만 종류가 다른 공룡이에요.

옆구리 가시

뾰족한 가시가 엉덩이부터 꼬리 끝까지 나 있어요. 옆구리에 난 한 쌍의 가시는 특히 날카롭고 강해요. 길이는 70cm나 돼요.

뾰족한 골판

목부터 등까지 골판이 두 줄로 솟아 있어요. 뒤쪽으로 갈수록 더 뾰족한 모양이에요.

납작머리

머리는 작고 납작하며, 목 위로도 단단한 골판이 솟아 있어요. 주둥이는 납작한 부리 형태로, 이빨은 몇 개 없고 약했어요.

짧은 앞다리

앞다리가 짧아 낮은 곳의 먹이를 잘 먹었고, 뒷다리로 몸을 일으켜 먹이를 찾을 수도 있었어요.

살던 시기 | **쥐라기 후기**

분류	몸길이	몸무게	발견 장소
조각류	8~9m	2.5~4t	미국·캐나다

Corythosaurus
코린토스 헬멧을 쓴 도마뱀

75

코리토사우루스

머리에 둥글넓적하게 툭 튀어나온 볏이 특징인 공룡이에요. 마치 헬멧처럼 보여서 '헬멧 쓴 도마뱀'이라는 이름이 붙었어요. 볏 속은 비어 있고 콧속과 연결되어 있는데, 공기를 내뿜으면 소리를 증폭시켜 다양한 소리를 낼 수 있었을 거예요.

둥근 볏
볏을 이용해 크고 낮은 소리를 내어 동료에게 먹이의 위치를 알리거나 근처 포식자의 존재를 경고해 주는 용도로 쓰였을 거예요.

가느다란 이빨
주둥이 안쪽에 작고 가느다란 이빨이 빼곡히 나 있어요. 질긴 식물도 씹어 으깰 수 있었어요.

높은 등마루
척추뼈가 높이 솟아 있어 등이 도드라져 보여요.

편리한 다리
뒷다리 근육이 잘 발달되어 걸을 때 이동 속도가 빨랐으며, 앞다리로는 나뭇가지를 훑을 수 있었어요.

분류	몸길이	몸무게	발견 장소
수각류	3m	25kg	북아메리카·아프리카

76 *Coelophysis*
속이 빈 형태

코엘로피시스

트라이아스기 후기에 번성했던 초기 수각류 공룡이에요.
몸길이에 비해 무척 가벼워 사냥할 때 민첩하고 빠르게 움직였어요.
미국의 한 채석장에서 수천 마리의 화석이 무더기로 발견되었는데
이를 통해 코엘로피시스가 무리 지어 생활했다는 것을 알게 되었어요.

길고 좁은 머리
머리가 작고 길쭉했어요.
주둥이에는 작지만 날카로운
이빨이 가득했어요.

날렵한 다리
앞발가락이 4개인데
하나는 퇴화되어 쓸 수 없었어요.
뒷다리는 가늘고 길쭉해
빠르게 뛸 수 있었어요.

긴 꼬리
가늘고 긴 꼬리는 방향을 바꾸어 달리거나
속도를 올릴 때 몸의 균형을 잡아 주었어요.

살던 시기 | **트라이아스기 후기**

분류	몸길이	몸무게	발견 장소
수각류	0.7~1.3m	0.8~3.5kg	독일·프랑스

Compsognathus
우아한 턱

77

콤프소그나투스

몸길이 1m 정도의 작은 수각류 공룡이지만 민첩하고 사나웠어요. 배 속에 도마뱀 뼈가 들어 있는 채로 화석이 발견되었는데, 이는 재빠른 도마뱀을 잡아먹을 정도로 날렵했음을 의미해요. '가장 작은 공룡'이라는 타이틀을 오랫동안 유지했지만 지금은 '에피덱시프테릭스'라는 더 작은 공룡이 발견되었답니다.

부드러운 꼬리
꼬리가 몸길이의 절반을 차지해요. 길고 부드러운 꼬리를 좌우로 흔들어 몸의 균형을 잘 잡았어요.

큰 눈
눈이 커서 밤에도 사냥을 다니는 야행성 공룡일 수도 있어요.

유연한 목
목이 길고 유연해서 사냥감을 쫓아 요리조리 목을 돌릴 수 있었어요.

짧은 앞다리
앞다리는 짧지만 앞발가락 3개로 사냥감을 단단히 움켜잡았을 거예요. 새의 다리처럼 날렵한 뒷다리로 가볍게 뛸 수 있었어요.

쥐라기 후기 | 살던 시기

살아남은 공룡, 새

1861년에 처음 발견된 아르카이옵테릭스(시조새)는 파충류와 새를 반씩 닮은 모습이었어요. 이때 처음으로 새가 공룡의 후손이라는 주장이 있었지만 뒷받침할 만한 근거가 약했어요. 그러다 1996년, 중국에서 발견된 시노사우롭테릭스의 화석에서 깃털의 흔적이 확인되면서 수각류 공룡의 일부가 수천만 년에 걸쳐 현생 조류로 진화했다는 주장에 힘이 실리게 되었어요. 새와 공룡이 어디가 어떻게 닮았다는 것인지 몇 가지만 알아볼까요?

깃털이 있다

조류로 진화하기 전 일부 수각류 공룡의 깃털은 체온을 유지하는 용도로 쓰이며 나무 사이를 활공하는 데 방향타 역할을 했어요. 그러다 점차 비행에 방해되는 꼬리가 짧아지고, 날갯짓을 힘차게 하면서 가슴 근육을 발달시켰을 거예요.

골격이 유사하다

1969년, 데이노니쿠스가 세상에 알려지면서 손목뼈, 발바닥뼈 등 여러 골격이 새와 닮았음이 밝혀졌어요. 치킨을 먹을 때 V자 모양의 뼈를 본 적이 있나요? 이는 새의 차골로, 날개 운동을 돕는 뼈예요. 거의 모든 수각류 공룡에서 차골이 발견되고 있답니다.

데이노니쿠스

알을 품어 부화시킨다

1995년에 키티파티가 부화 직전의 알을 품고 있는 화석이 발견되었어요. 이로써 공룡이 파충류처럼 알을 방치하지 않고, 새처럼 알을 품어 부화시켰다는 사실이 밝혀졌어요. 깃털 달린 긴 앞다리로 온도를 유지시켰을 거예요.

분류	몸길이	몸무게	발견 장소
해양 파충류	9~10m	10~12t	오스트레일리아

Kronosaurus
크로노스의 도마뱀

78

크로노사우루스

중생대의 바닷속에는 목이 짧고 머리가 거대한 수장룡들이 살았어요.
크로노사우루스는 그중에서도 가장 큰 최상위 포식자로 군림하며
날카로운 이빨과 큰 턱으로 거의 모든 해양 동물을 잡아먹었어요.
특히 턱의 크기가 위협적인데 티라노사우루스의 턱보다 훨씬 컸어요.

강력한 머리
머리 크기가 2m나 되었어요.
강한 턱과 날카로운 이빨로 단단한
암모나이트까지 잡아먹었어요.

기다란 몸통
매끈하고 부드러운 유선형의 몸이에요.
꼬리는 공룡의 꼬리처럼 길어요.

넓적한 노
다리가 진화하여 변한 지느러미발을
이용해 헤엄쳤어요. 강한 힘으로 제법
빠르게 헤엄치며 나아갔을 거예요.

백악기 전기 | 살던 시기

분류	몸길이	몸무게	발견 장소
수각류	6~7m	350~500kg	남극

79 *Cryolophosaurus*
차가운 볏 도마뱀

크리올로포사우루스

얼음으로 뒤덮인 남극에서 두 번째로 발견된 공룡이에요.
쥐라기 전기에 살았던 공룡 중에서 가장 큰 수각류에 속해요.
이 공룡의 가장 큰 특징은 머리 위에 리본처럼 말려 있는 볏으로,
미국의 유명 가수인 엘비스 프레슬리의 머리 모양과 닮아서
'엘비사우루스'라는 별명이 있답니다.

화려한 볏
머리 위에 얇은 뼈로 이루어진 볏이 리본처럼 말려 있어요. 무기로 쓰기엔 약하기 때문에 과시용으로 추측할 수 있어요.

뻣뻣한 꼬리
길고 뻣뻣한 꼬리는 좌우로 움직이며 몸의 균형을 잡는 역할을 했어요.

춥지 않은 남극
쥐라기 때의 남극 대륙은 지금보다 훨씬 따뜻하고 공룡이 살기에 적합한 곳이었어요.

살던 시기 | **쥐라기 전기**

분류	몸길이	몸무게	발견 장소
해양 파충류	6m	500~800kg	유럽

Tanystropheus
굽히는 긴 도마뱀

타니스트로페우스

공룡이 나타나기 시작하던 트라이아스기에 얕은 물가에 살면서
기다란 목을 쓸고 다니며 물고기를 잡던 해양 파충류가 있었어요.
화석 발견 당시에 기괴한 모습 때문에 과학자들은 어리둥절했어요.
이 동물의 목 길이가 몸통보다 세 배나 길었기 때문이에요.

날카로운 이빨
날카롭게 휜 이빨로
물고기나 오징어를
사냥했어요.

놀라운 목 길이
목 길이는 무려 3m에 달해요.
목뼈는 13개로 많지 않아서
위아래로 목을 유연하게
움직이는 건 어려웠을 거예요.

반수생 파충류
긴 목에 비해 몸통이 작아
육상 생활에 적합하지 않았어요.
악어처럼 물속에 숨어 기다렸다가
긴 목을 뻗어 사냥했을 거예요.

살던 시기 | **트라이아스기 중기**

81 *Tarbosaurus*
놀라운 도마뱀

타르보사우루스

타르보사우루스는 아시아에서 발견된 육식 공룡 중에서 가장 큰 종류예요. 한때 티라노사우루스와 같은 종으로 여겼으나, 연이어 발견된 화석을 통해 머리뼈의 길이와 크기, 골격 등이 티라노사우루스와 다른 것을 알게 되었어요. 같은 조상에서 갈라져 나와 서로 다른 환경에 적응하여 진화한 것으로 추측해요.

좁은 머리뼈
티라노사우루스에 비해 머리뼈 뒤쪽의 폭이 좁고 눈이 측면에 달려 있어요. 턱의 힘이 강해 덩치 큰 초식 공룡들도 거뜬히 잡아먹었어요.

강력한 이빨
길이 9cm 가까이 되는 두툼하고 날카로운 이빨로 먹이를 통째로 으깰 수 있었어요.

살던 시기 | **백악기 후기**

분류	몸길이	몸무게	발견 장소
수각류	10m	4~5t	몽골·중국

빳빳이 든 꼬리

머리가 크고 앞다리가 짧기 때문에 몸의 균형을 잡기 위해 꼬리를 빳빳이 들고 다녔을 거예요.

너무 짧은 앞다리

앞다리가 사람의 팔길이와 비슷해요. 먹잇감을 먹을 때 발버둥치지 못하게 붙잡을 수는 있었을 거예요.

분류	몸길이	몸무게	발견 장소
수각류	10m	5t	몽골

82 *Therizinosaurus*
큰 낫 도마뱀

테리지노사우루스

낫처럼 생긴 뼈 화석이 처음 발견되었을 때 과학자들은 거북이의 갈비뼈로 생각했어요. 한참 뒤에야 이 공룡의 앞발톱으로 밝혀졌지요. 테리지노사우루스는 앞다리의 길이가 3m가 넘는 거대한 수각류로, 세상에서 가장 긴 앞발톱으로 가지를 끌어당겨 나뭇잎을 먹었어요. 육식 공룡 중 일부는 이렇게 식성이 초식으로 변하기도 했어요.

기다란 목
목이 길고 상하좌우로 움직일 수 있어서 높은 곳의 나뭇잎을 먹었어요.

둥근 몸통
둥근 형태의 몸에 깃털이 있었을 것으로 추측해요. 깃털이 몸의 어느 부분에 있었는지는 확실하지 않아요.

거대한 앞발톱
길이가 1m나 되는 앞발톱은 낫처럼 살짝 구부러졌어요. 힘이 강하지는 않아 방어용으로 쓰거나 식물을 긁어모을 때 편리했을 거예요.

살던 시기 | **백악기 후기**

분류	몸길이	몸무게	발견 장소
해양 파충류	8~10m	5t	유럽

Temnodontosaurus **83**

절단기 이빨 도마뱀

템노돈토사우루스

쥐라기 전기에 유럽의 바다에서 서식했던 어룡이에요.
지금까지 알려진 어떤 동물보다 거대한 눈을 가졌답니다.
어두운 바닷속에서도 뛰어난 시력을 이용해 암모나이트는 물론
다른 해양 파충류까지 가리지 않고 잡아먹었어요.

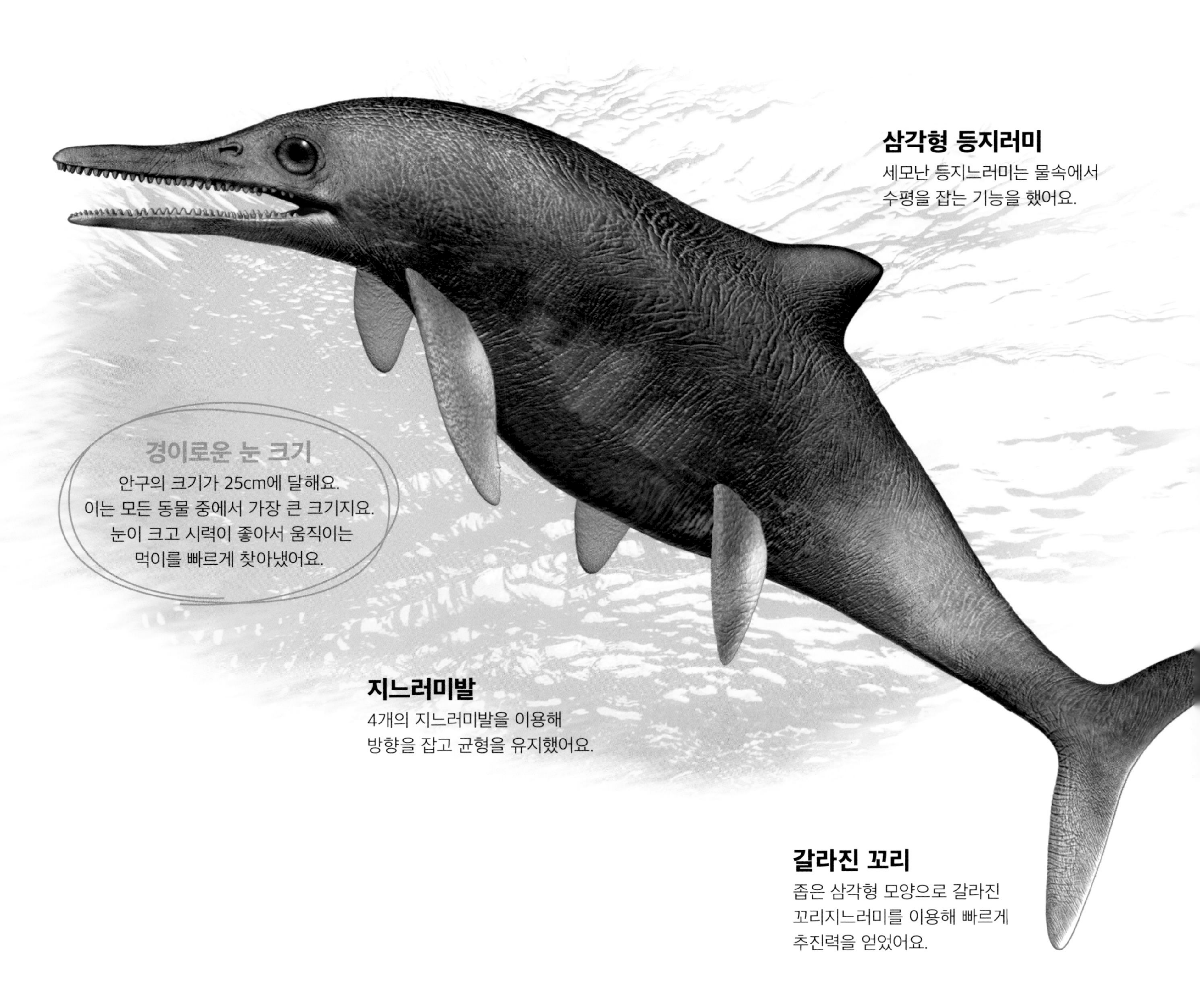

분류	몸길이	몸무게	발견 장소
검룡류	6.5m	2.8t	중국

84 *Tuojiangosaurus*
투오 강의 도마뱀

투오지앙고사우루스

이 공룡의 화석이 처음으로 발견된 곳은 중국의 투오 강이에요.
투오지앙고사우루스는 아시아 대륙에서 살았던 검룡류 중에서 가장 컸어요.
스테고사우루스와 생김새가 비슷한데, 머리가 더 납작하고 골판이 뾰족해요.
가시가 돋친 꼬리를 휘둘러 육식 공룡으로부터 몸을 보호했어요.

두 쌍의 가시
꼬리 끝에 두 쌍의 가시가 나 있어요. 20cm의 길이로, 휘두르면 치명적이에요.

삼각형 골판
15쌍의 삼각형 모양 골판이 목 뒤부터 꼬리까지 솟아 있어요. 등 위의 골판이 가장 크고, 꼬리로 갈수록 작아져요.

납작 머리
머리가 납작하며 주둥이 끝으로 갈수록 좁아지는 모양이에요.

짧은 다리
몸에 비해 짧은 다리를 가지고 있어요. 뒷다리에 비해 앞다리가 짧아서 머리를 낮게 유지할 수 있었어요.

살던 시기 | **쥐라기 후기**

분류	몸길이	몸무게	발견 장소
수각류	1.8m	30~50kg	미국

Troodon
상처 입히는 이빨

85

트로오돈

트로오돈의 화석은 주로 북아메리카와 알래스카에서 발견되었어요. 화석을 분석해 보니, 몸에 비해 두뇌의 용량이 큰 것을 알게 되어 공룡 중에서 가장 지능이 뛰어나고 감각이 발달한 공룡이라 여겼어요. 하지만 지금은 화석 대부분이 다른 종으로 분류되고 이빨 화석만 남아서 트로오돈이라는 이름조차 잃을 위기에 처해 있어요.

뛰어난 감각
비슷한 크기의 수각류 중에서 가장 큰 두뇌 용량을 가졌어요. 눈은 지름이 4cm 정도로 큰 편이고, 청력도 잘 발달되어 있어요.

날렵한 몸통
전체적으로 작고 둥글며 날렵한 몸이에요. 몸에는 털이 나 있었을 거예요.

유용한 갈고리발톱
3개의 앞발가락으로 먹잇감이 움직이지 못하게 쥘 수 있었어요. 뒷다리에는 갈고리발톱이 있어요.

백악기 후기 | 살던 시기

86 *Triceratops*

세 개의 뿔이 달린 얼굴

트리케라톱스

머리에 세 개의 뿔과 커다란 프릴을 가진 거대한 각룡류 공룡이에요.
눈썹 뿔을 처음 발견했을 때 과학자들은 들소의 뿔로 오해했다고 해요.
방패 모양의 프릴이 크고 화려한 이유에 대해서는 의견이 분분한데,
적으로부터 목을 보호하거나 짝짓기할 때 과시용이었을 것으로 추측해요.

짧은 꼬리

짧고 굵은 꼬리는 육중한 몸의
균형을 잡는 데 도움을 주었어요.
땅에 끌고 다니지는 않았어요.

살던 시기 | **백악기 후기**

분류	몸길이	몸무게	발견 장소
각룡류	8~9m	6~10t	미국·캐나다

거대한 머리
큰 개체의 경우 머리뼈의 길이만 2.4m에 달해요. 몸통의 3분의 1을 차지하는 크기예요.
3개의 뿔
눈썹 위에 있는 한 쌍의 긴 뿔은 최대 1.3m까지 자랐어요. 이 뿔로 자신을 공격하는 사나운 수각류 공룡에 맞서 싸웠을 거예요. 코에도 작은 뿔이 하나 있어요.
앵무새 부리
앵무새 같은 부리로 식물을 뜯어내고 촘촘한 어금니로 잘게 씹어 먹었어요.
튼튼한 다리
자신을 위협하는 적과 대치하는 상황이 생기면 고개를 숙이고 힘 있는 다리를 이용해 저돌적으로 돌진했을 거예요.

87 Tyrannosaurus
폭군 도마뱀

티라노사우루스

지구에 살았던 모든 공룡 중에서 가장 거대한 육식 공룡이에요.
육중한 몸집에도 뛰는 속도가 빨랐으며 시력과 청력, 후각까지
뛰어나 멀리 있는 먹잇감도 정확하게 찾아낼 수 있었어요.
이렇게 잡은 먹이는 강력한 턱을 이용해 통째로 씹어 삼켰어요.

강력한 턱

턱의 힘이 엄청나서 한번 물리면
어떤 공룡이라도 빠져나가지 못했어요.
주둥이 앞쪽에 30cm 길이의 날카로운
톱니 이빨이 있어요. 이빨은 빠지면
다시 자랐어요.

짧은 앞다리

앞다리는 매우 짧아 길이가 1m도
되지 않았지만 힘이 좋아서 2개의
앞발가락으로 웬만한 먹잇감은
들어 올릴 수 있었어요.

살던 시기 | **백악기 후기**

분류	몸길이	몸무게	발견 장소
수각류	12~13m	6~8t	미국·캐나다

뛰어난 시력

티라노사우루스의 눈은 정면을 향하고 있어 두 눈의 시야가 겹쳐 사냥감을 입체적으로 포착하는 시력이 뛰어났을 거예요.

무거운 꼬리

머리가 굉장히 크고 무겁기 때문에 서 있거나 달릴 때는 꼬리를 치켜세워 몸의 균형을 맞췄어요.

근육질 뒷다리

뒷발가락 3개로 몸을 거뜬히 지탱했어요. 넓적다리의 힘이 강해 시속 40km의 속도로 뛸 수 있었어요.

대멸종 수수께끼

지금으로부터 6600만 년 전, 공룡 시대가 막을 내리게 되었어요.
지상의 공룡뿐만 아니라 하늘을 날아다니던 익룡, 바닷속의
거의 모든 해양 파충류까지 한꺼번에 자취를 감추었어요.
6600만 년 전 지구에는 대체 무슨 일이 있었던 걸까요?

소행성 충돌설

6600만 년 전에 거대한 소행성이 지구와 충돌했어요. 떨어진 곳은 얕은 바다로, 오늘날 멕시코의 유카타 반도예요. 지름 약 10km의 소행성이 충돌하면서 생긴 폭발로 불이 붙어 숲을 모조리 태워 버렸고, 어마어마한 먼지가 1년 동안 햇빛을 가렸어요. 급작스러운 기후 변화로 식물을 비롯해 아무것도 살 수 없는 환경이 되어 결국 공룡이 멸종했어요.

화산 폭발설

6500만 년 전 인도에서 대규모의 화산 폭발이 일어났어요. 그 후로 100년 동안 지구에 끊임없이 화산 폭발이 이어져 많은 양의 먼지와 온실가스가 오랫동안 하늘을 뒤덮었어요. 땅이 산성화되자 식물이 오염되어 고사하고, 초식 공룡이 먼저 굶어 죽었어요. 먹이 사슬에 의해 모두 멸종에 이르렀다는 설로, 최근에 새로운 연구 결과가 뒷받침되고 있어요.

기온 저하설

백악기 말에 지구의 온도가 점점 낮아져 극지방에서부터 빙하가 발달해 덩치 큰 공룡들이 추위를 피하기 힘들어 번식을 하지 못했다는 설이에요. 공룡이 정온동물이라면 덩치가 클수록 기온의 영향을 받았을 거예요. 어쩌면 소행성이 지구와 충돌하기 전부터 공룡을 포함한 상당수의 동물들이 쇠퇴의 조짐이 있었을지도 몰라요.

분류	몸길이	몸무게	발견 장소
용각류	9~12m	13t	인도

Titanosaurus
거인 도마뱀

88

티타노사우루스

공룡이 연구되던 초창기에 인도에서 처음으로 발견되었어요.
몸집이 거대해서 신화에 등장하는 '타이탄'이란 이름을 받았어요.
티타노사우루스류는 등이 단단한 돌기로 덮혀 있었는데
아마 이 공룡도 비슷한 특징을 가졌을 것으로 추측해요.
뚜렷한 표본이 부족해 의문으로 남아 있는 공룡이에요.

등의 돌기
등이 단단한 구슬 모양의
돌기로 덮여 있었을 거예요. 백악기의
거대한 육식 공룡으로부터 몸을
보호하기 위해서지요.

연필 모양 이빨
머리는 작고, 주둥이는 좁으며
연필처럼 생긴 이빨들이
나 있었을 거예요.

길지 않은 꼬리
디플로도쿠스 같은
대형 용각류에 비해
꼬리는 짧았어요.

튼튼한 다리
다른 용각류처럼 튼튼하고 육중한
다리를 가졌어요. 앞다리가 더 길고
근육이 발달했어요.

백악기 후기 | 살던 시기

89 *Parasaurolophus*

사우롤로푸스와 비슷한

파라사우롤로푸스

머리 위에 기다란 볏이 뒤로 뻗어 있는 오리주둥이공룡이에요.
볏은 속이 비어 있고, 콧구멍과 연결되어 소리를 증폭시키는 구조였어요.
볏의 용도를 정확히 알 수 없지만 동료 간에 적의 출현을 알리거나
짝짓기 때 자신을 뽐내기 위한 용도였을 거예요.

기다란 볏

머리 위 볏은 코뼈가 길어진 것으로 길이가 1m나 되어요. 어릴 때는 짧아서 혹처럼 보이다가 자라면서 점점 길어지고 커졌어요.

살던 시기 | **백악기 후기**

분류	몸길이	몸무게	발견 장소
조각류	7~10m	2.5~5t	미국·캐나다

높은 등마루

잘 발달된 근육질의 둥근 몸을 가지고 있어요. 척추 뼈가 위로 뻗어 있어서 등마루가 높아 보여요.

육중한 꼬리

꼬리가 길고 두툼해서 두 다리로 섰을 때 균형을 잡아 주었어요.

두 발 혹은 네발

평소에는 네발로 걷다가 긴 뒷다리만으로 가볍게 뛸 수 있었어요. 짧은 앞다리를 쥐거나 펴서 식물을 훑어 먹었어요.

분류	몸길이	몸무게	발견 장소
각룡류	6~8m	3~4t	미국·캐나다

90 *Pachyrhinosaurus*
두꺼운 코 도마뱀

파키리노사우루스

백악기 후기에 북아메리카에서 번성했던 뿔공룡이에요.
다른 각룡류 공룡과 달리 콧등에 뿔 대신 커다란 혹이 나 있는데
방어용 무기라기보다 짝짓기를 위한 뽐내기용이었을 거예요.
프릴 위쪽의 구부러진 뿔 한 쌍은 성장하면서 점점 커졌어요.

뿔 달린 프릴
프릴 위 양쪽에 밖으로 구부러진 뿔이 한 쌍 있어요. 프릴의 크기와 모양은 조금씩 달랐어요.

각질 부리
앵무새 부리처럼 딱딱한 각질로 이루어져 있어요.

튼튼한 다리
네 다리가 짧고 튼튼해요. 평평한 발바닥은 몸무게를 지탱하는 역할을 했어요.

살던 시기 | **백악기 후기**

분류	몸길이	몸무게	발견 장소
후두류	4.5m	450kg	미국·캐나다

Pachycephalosaurus

두꺼운 머리 도마뱀

91

파키케팔로사우루스

정수리가 볼록하고 뒤통수와 콧등에 울퉁불퉁한 돌기들이 돋아 있어요. 파키케팔로사우루스는 두꺼운 머리뼈를 이용해 무리의 서열 싸움에서 힘을 겨루거나, 암컷을 차지하기 위해 서로 박치기를 했을 거예요. 자랄수록 머리가 점점 볼록해지고 뾰족하던 돌기들은 작아졌어요.

무거운 꼬리

이족보행을 위해서는 꼬리로 몸의 균형을 잡아야 해서 내부에 딱딱한 힘줄이 이어져 있어요.

두꺼운 머리뼈

보통 공룡의 머리뼈 두께는 1cm 이내인데, 이 공룡은 25cm로 무척 두꺼워요. 상대적으로 뇌의 크기는 작았어요.

이족보행 다리

앞다리보다 길고 잘 발달된 뒷다리로 몸무게를 지탱했으며, 시속 50km의 속도로 달릴 수 있었어요.

백악기 후기 | 살던 시기

분류	날개 편 길이	몸무게	발견 장소
익룡	60cm	?	이탈리아

92 *Peteinosaurus*
날개 달린 도마뱀

페테이노사우루스

트라이아스기 후기에 유럽의 하늘을 누볐던 소형 익룡이에요.
가장 오래된 익룡 중 하나로 후대에 나타난 익룡에 비하면 몸집이 작고,
뼈로 된 긴 꼬리를 가지고 있으며, 목은 길지 않았어요.
부리에 난 날카로운 이빨로 곤충이나 물고기를 잡은 것으로 보여요.

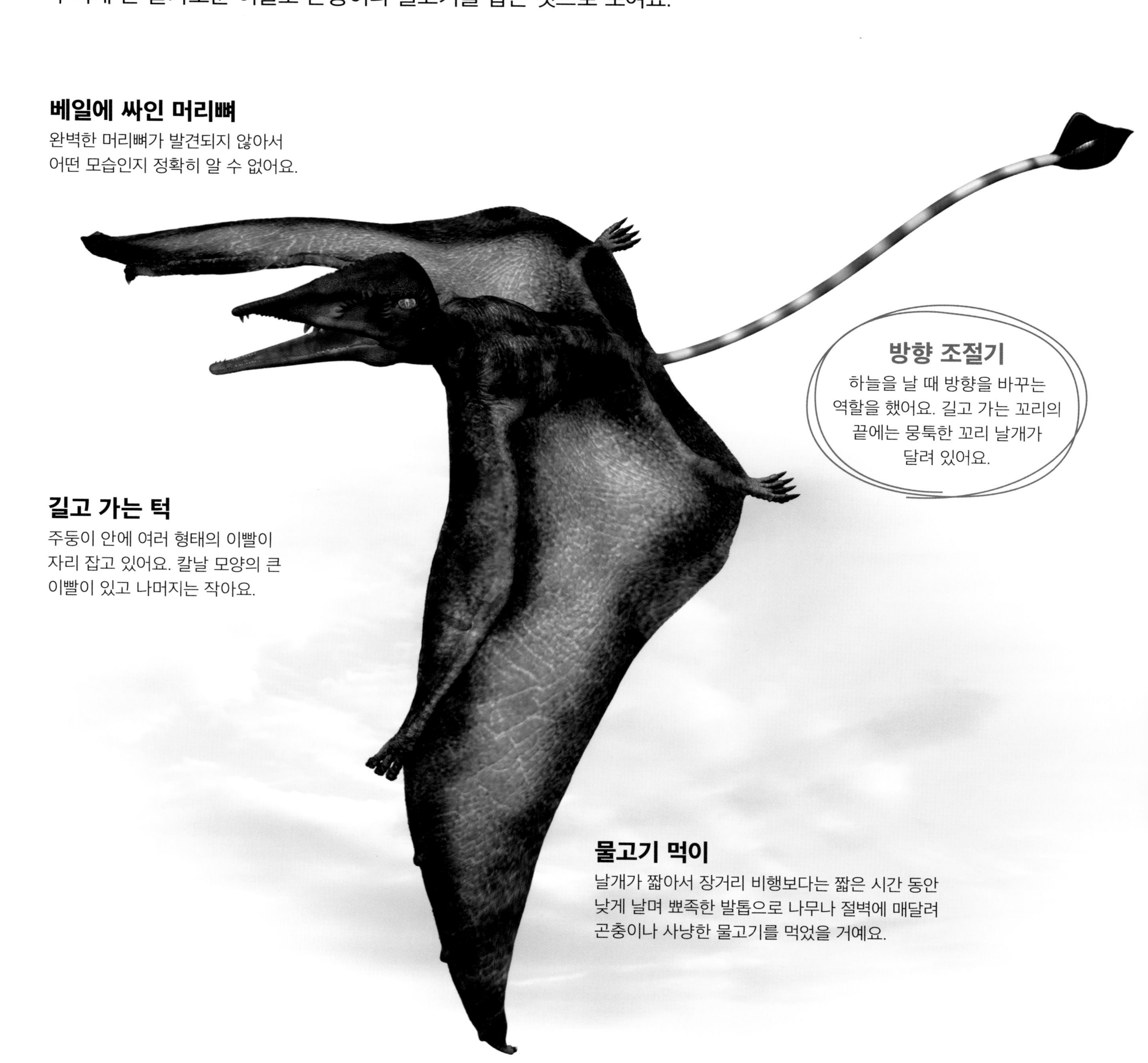

살던 시기 | 트라이아스기 후기

분류	몸길이	몸무게	발견 장소
각룡류	5.5~6m	2.5~5t	미국

Pentaceratops
다섯 개의 뿔이 달린 얼굴

93

펜타케라톱스

머리에 다섯 개의 뿔이 나서 '펜타(5)'라는 이름이 붙었어요. 콧등에 하나, 눈썹 위에 두 개, 볼에 두 개로 다섯 개인데 볼에 있는 것은 사실 뿔처럼 보이는 돌출된 광대뼈예요. 프릴을 포함하면 머리가 2~3m에 달하는 길이로, 이는 몸통을 반 정도 덮을 수 있는 크기였어요.

거대한 프릴
커다란 머리에 방패 모양의 프릴이 목을 보호하고 있어요. 프릴의 가장자리에 돌기가 있고 가운데가 푹 패여 있어요.

제법 빠른 다리
상대와 대치할 때 밀리지 않을 정도로 다리에 힘이 있었으며 달릴 때도 제법 빠르게 달렸어요.

굵은 목
목이 굵고 튼튼해서 상대와 싸울 때 큰 프릴을 지탱하며 버텼을 거예요.

백악기 후기 | 살던 시기

94 Protoceratops
최초의 뿔 달린 얼굴

프로토케라톱스

몽골의 고비 사막에서 여러 마리가 한꺼번에 발견되었어요.
몸집이 작고, 프릴이 크지 않았으며, 뿔은 흔적만 남아 있지요.
여러 마리의 새끼들이 모여 있는 둥지가 발견된 적도 있는데,
어미가 새끼들을 한곳에 모아 놓고 돌보았다는 것을 알 수 있어요.

볼록한 꼬리
둔탁한 꼬리로 몸의 균형을
잡았어요. 꼬리 윗부분이
볼록하게 튀어나와 있어요.

살던 시기 | **백악기 후기**

분류	몸길이	몸무게	발견 장소
각룡류	1.8m	180kg	몽골·중국

프릴
프릴의 크기가 작고, 양 볼의 뿔은 튀어나온 광대뼈처럼 보일 정도로 흔적만 있어요. 프릴은 개체마다 모양과 크기가 달랐어요.
앵무새 부리
부리가 앵무새 부리를 닮았어요. 안쪽에 어금니가 있어서 질기고 거친 식물을 씹는 데 적합했어요.

95 ranodon

이빨 없는 날개

프테라노돈

백악기 후기에 하늘을 주름잡았던 대형 익룡이에요.
날개 편 길이가 7m에 달하며, 크기에 비해 몸은 무척 가벼워
몇 시간이고 힘들이지 않고 날아다닐 수 있었어요.
머리 뒤쪽으로 뻗어 있는 기다란 볏은
수컷에게만 보이는 특징이에요.

머리 위의 볏

수컷의 볏은 길이가 약 1m이며,
자라면서 점점 길어졌어요. 볏이 길쭉한
종류가 있고, 붓처럼 볼록한 볏을 가진
종류도 있었어요. 이 볏은
과시용이었을 거예요.

약한 턱

이빨이 없고 턱 힘이 약해서
주로 물고기를 사냥했어요.

뾰족한 부리

길고 뾰족한 모양으로 약간 위로 휘어져
있어요. 백악기 후기로 갈수록 익룡들의
부리 모양은 점점 다양해졌어요.

살던 시기 | **백악기 후기**

분류	날개 편 길이	몸무게	발견 장소
익룡	7m	20~35kg	미국

대형 날개

몸길이에 비해 큰 날개를 가졌으며 날갯짓을 최소로 하여 바람을 타고 활공했을 거예요. 수컷이 암컷보다 날개가 컸어요.

짧은 꼬리

흔적만 보일 정도로 꼬리가 짧아 땅 위를 걷거나 뛰는 데 방해가 되지 않았어요.

분류	날개 편 길이	몸무게	발견 장소
익룡	1m	?	유럽·아프리카

프테로닥틸루스

1780년경에 처음 발견되었지만 무슨 동물인지 알 수 없어서 한참 지난 뒤에야 학계에 보고된 최초의 익룡이에요. 쥐라기에 유럽과 아프리카를 비롯한 넓은 지역에 서식하며 긴 부리와 날카로운 이빨로 물고기를 잡아먹었어요.

긴 날개
넷째 앞발가락과 뒷다리 사이에 뻗은 근육 막이 날개로 진화했어요. 땅에서는 날개를 접고 네발로 걸었어요.

짧은 꼬리
꼬리는 짧고 약해서 땅에 머물러 쉴 때 몸을 지탱하는 정도였어요.

날카로운 이빨
긴 부리에 작지만 날카로운 이빨이 나 있어요. 물고기를 꽉 물고 빠져나가지 못하게 했어요.

물갈퀴 달린 발
뒷발가락 사이에 물갈퀴가 있어서 진흙 위를 걸어 다닐 수 있었어요.

살던 시기 | **쥐라기 후기**

분류	몸길이	몸무게	발견 장소
해양 파충류	3.5m	185kg	영국·독일

Plesiosaurus
도마뱀에 가까운 것

97

플레시오사우루스

몇 년 먼저 발견된 이크티오사우루스보다 도마뱀에 가까운 모습이어서 그 뜻을 그대로 담아 '플레시오사우루스'라는 이름을 갖게 되었어요. 영국 네스 호에 산다고 전해지는 괴물 '네시'가 플레시오사우루스처럼 머리가 작고 목이 긴 파충류의 모습으로 묘사되기도 한답니다.

지느러미발

네 다리는 지느러미발로 진화됐어요. 앞지느러미발을 위아래로 움직여 추진력을 얻고, 뒷지느러미발로는 방향을 바꾸고 몸의 균형을 잡았어요.

유선형의 몸통

물속 저항을 덜 받는 기다란 유선형의 몸을 가지고 있어요. 물속 생활에 적합한 모습으로 진화했어요.

기다란 목

머리는 도마뱀을 닮았고, 40여 개의 목뼈를 갖고 있어요. 긴 목이 유연하지는 않았지만 위아래로 잘 움직였을 거예요.

쥐라기 전기 | 살던 시기

분류	몸길이	몸무게	발견 장소
곡룡류	5m	2t	몽골·중국

Pinacosaurus

널빤지 도마뱀

피나코사우루스

납작한 골편으로 뒤덮인 머리뼈 때문에 '널빤지 도마뱀'이란 이름이 붙었어요.
고비 사막에서 발견되었을 때 여섯 마리의 새끼가 한데 모여 있었는데,
새끼들이 이동하다가 모래 폭풍에 휩쓸려 파묻힌 것으로 추측해요.
안킬로사우루스과 공룡 중에서 크기가 작고, 무게도 가벼운 편이에요.

골편과 가시

머리와 등에 단단한 골편이 골고루 박혀 있고, 옆구리에는 뾰족한 가시가 나 있어 몸을 보호할 수 있었어요.

작은 뼈뭉치 꼬리

꼬리 끝에 단단한 도끼 모양의 뼈뭉치가 있어요. 다른 종류에 비해 크기는 작았어요.

땅딸막한 다리

짧은 네 다리는 배를 땅에 대고 몸을 웅크릴 때 편리했어요.

살던 시기 | **백악기 후기**

분류	몸길이	몸무게	발견 장소
수각류	6m	450kg	아르헨티나

Piatnitzkysaurus
피아트니츠키의 도마뱀

99

피아트니츠키사우루스

남아메리카의 아르헨티나에서 발견된 중형 원시 수각류예요. 알로사우루스와 비슷하게 생겼지만 앞다리가 훨씬 길고, 어깨뼈의 모습이 특이해서 보다 원시적인 모습이지요.

강한 턱
머리가 컸으며 주둥이 안에 날카로운 이빨이 있어요. 턱 힘이 강해서 자신보다 큰 공룡도 사냥했을 거예요.

특이한 어깨
어깨뼈의 길이는 짧은데 넓적한 편이어서, 앞다리를 자주 사용했던 것 같아요.

긴 앞다리
동시대의 다른 수각류보다 앞다리가 긴 편이에요. 발버둥 치는 먹잇감을 붙드는 데 효과적이었을 거예요.

쥐라기 전기 | 살던 시기

분류	몸길이	몸무게	발견 장소
조각류	2m	20kg	유럽

100 *Hypsilophodon*
힙실로푸스(이구아나)의 이빨

힙실로포돈

처음 발견되었을 때 어린 이구아노돈으로 간주하고 이름을 지었는데
더 많은 표본이 연구되면서 서로 다른 종류인 것이 확인되었어요.
공룡 중에서도 크기가 작고, 달리기가 빠른 공룡이에요.
한때 과학자들은 힙실로포돈이 나무 위에서 살았다고 생각했지만
발가락 구조가 나무를 타는 데 적합하지 않은 것이 밝혀졌어요.

뾰족한 부리
둥근 머리에 주둥이는 좁고
부리는 새처럼 짧고 뾰족해요.
소화가 잘 되는 새싹이나 나뭇잎을
골라 먹을 수 있었어요.

큰 눈
눈이 큰 편이라 시력이
뛰어났을 것으로 추측해요.

편리한 앞발가락
5개의 앞발가락으로
나뭇잎이나 열매를
쥘 수 있었어요.

날렵한 뒷다리
강하고 날렵한 뒷다리로 작은
몸을 빠르게 움직였어요.

살던 시기 | **백악기 전기**

공룡 기네스북

지금까지 화석으로 발견된 공룡은 1,000여 종에 달해요. 미확인 공룡을 포함하면 과학들은 적어도 1,500여 종의 공룡들이 지구에 나타났다 사라졌을 것으로 추정해요. 저마다 개성이 뚜렷한 공룡 중에서 기록적인 모습을 자랑하는 공룡을 만나 볼까요?

가장 긴 육식 공룡

스피노사우루스의 몸길이는 15m에 달해요. 등에 솟은 돛 때문에 무척 커 보였을 거예요.

스피노사우루스

가장 큰 익룡

케찰코아틀루스가 양 날개를 펴면 길이가 11m나 돼요.

케찰코아틀루스

가장 목이 긴 공룡

마멘키사우루스의 목은 최대 18m로 전체 몸길이의 절반을 차지해요.

가장 무거운 공룡

아르젠티노사우루스의 몸무게는 최대 80t에 육박해요.

토로사우루스

마멘키사우루스

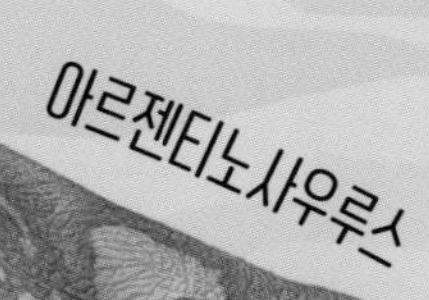

아르젠티노사우루스

가장 머리가 큰 공룡

토로사우루스의 머리뼈 길이는 3m에 이를 정도로 거대했어요.